纺织服装高等教育"十二五"部委级规划教材

高职高专服装专业项目化系列教材

浙江省重点建设教材

NÜ SHANGZHUANG JIEGOU
SHEJI YU GONGYI

女上装结构
设计与工艺

主 编／丁 林

副主编／白志刚 常华栋

东华大学出版社

内 容 提 要

　　本书以女上装制版工作流程为主线,对女上装生产常见的典型款式作系统的结构分解和工艺示范,着重表述女上装结构设计原理和方法、缝制工艺流程和技巧,以及结构设计与缝制工艺的关联性,为读者全面了解服装制版工作流程、掌握女上装制版职业能力奠定良好的基础。

　　本书项目内容新颖,对于当前女上装结构设计和工艺技术水平具有很强的代表性,每个项目的工作任务从结构设计到成衣缝制工艺过程完整、步骤规范,具有很强的可操作性,尤其适合作为高职高专类服装结构设计与工艺教材,也适用于广大女装企业技术人员作参考。

图书在版编目(CIP)数据

女上装结构设计与工艺/丁林主编,白志刚,常华栋
副主编.--上海:东华大学出版社,2012.10
　ISBN 978 - 7 - 5669 - 0167 - 5

　Ⅰ.①女…　Ⅱ.①丁…②白…③常…　Ⅲ.①女
服—结构设计②女服—服装缝制　Ⅳ.①TS941.717

　中国版本图书馆 CIP 数据核字(2012)第 248745 号

责任编辑　库东方　马文娟
封面设计　戚亮轩

女上装结构设计与工艺

丁　林　主编

白志刚　常华栋　副主编

东华大学出版社出版
　(上海市延安西路 1882 号　邮政编码:200051)
　新华书店上海发行所发行　上海龙腾印务有限公司印刷
　开本:787 mm×1092 mm　1/16　印张:14　字数:350千字
　2013 年 1 月第 1 版　2022 年 1 月第 3 次印刷
　ISBN 978 - 7 - 5669 - 0167 - 5
　定价:46.00 元

前　　言

　　从学习掌握女上装结构设计的角度出发,可以将当前常见的女上装大致归为三部分,第一部分是既能体现女性曲线又有一定放松程度的修身型女装,第二部分是更加充分合体的立体型女装,第三部分是宽松舒适的平面型女装。修身型女上装通过控制与人体各部位之间的适当放松量,力求在体现女性曲线造型美感的同时,又能最大程度满足穿着者对于舒适性和机能性的要求,因此修身型女装当前在生活中所占比例最大;我们可以在一个女上装基本样的基础上展开修身型女上装的结构设计,然后通过省道转移、纸样剪切拉展、适当调整放松量等纸样结构处理技巧,获得许多不同的女上装板型结构,来适应款式造型的需要,本书项目一的任务一至任务六将进行详细讲解。立体型女上装通过依照人体模型的立体裁剪造型手段,力求强调人体结构美感,同时尽量满足穿着者对于舒适性和机能性的要求,因此立体型女装在当前强调突出个性美的女性中大受欢迎;我们可以在人体模型上通过立体裁剪获得的基础纸样上展开立体型女上装的结构设计,然后通过相关造型调整以及适当调整放松量等技巧,来满足款式造型的需要,本书项目二的任务一、二将进行详细讲解。平面型女上装充分强调舒适性和机能性,同时又不乏比例造型美感,因此平面型女装当前在生活中也占有一定比例;平面型女上装的结构设计注重比例的协调性和结构的关联性,通常用平面结构比例制图法,然后再通过调整使其符合款式造型的需要,本书项目三的任务一、二将进行详细讲解。

　　本书的每一个项目款式都配有相应的工艺步骤图解,工艺是与结构设计相配套的。每件衣服可以有不同的工艺步骤排序方法,唯有省时省工又有连贯性的排序方法为合理的工序;每件衣服既要强调服装表面的各个部件工艺,又要强调服装各边缘部位的工艺,还应注重服装里面各个部位的处理效果。本书的单层服装工艺与双层服装工艺均是当前工业生产比较通用的工艺处理方法。

　　本书项目内容的学习中实践操作的作用非常重要,通过本书各个项目任务的学习与实践,希望能掌握当前女上装结构设计与工艺制作的常用知识和技能,能适应女上装制版岗位的基本要求,并能逐渐体会当前女上装制板的规律。

　　本书可作为高职院校服装专业教学用书,对于培养当前女装制板与工艺高技能人才具有很强的指导作用,也可作为服装中专学校、服装企业职工、服装企业技术人员的技术提高、培训教材,对广大服装爱好者也有较好的参考价值。

　　本书在编写过程中得到了许淑燕教授的悉心指导并由许教授审稿,还得到了常华栋、黄年彬两位制板师的技术指导,同时得到费铭霞、罗晓芳、章蕾等同学的支持和帮助,在此一并表示感谢!

丁　林

2012 年 9 月

目　录

项目一 修身型女上装结构设计与工艺

在我们日常生活中最常见的就是修身型女上装,这一部分女装有一定的放松量,穿着时既能体现女性的曲线美,又能满足穿着者的舒适性和机能性要求。修身型女上装体现曲线美的主要手段就是收腰和胸部造型,收腰是利用胸腰差使衣服外观产生"吸腰"的效果,胸部造型即合理运用胸省及省道转移方法,使衣服前片展现符合人体胸部造型的立体外观效果,其中胸部造型是女上装最重要、最具特色的造型。

针对修身型女上装结构设计与工艺主要遴选了从任务一到任务六的六个工作任务,这六个任务的衣身结构遵循共同的结构设计思路,即首先从人体结构出发,根据款式的基本要求,设计一个能满足具体造型要求的平面女上装基本样,然后通过省道转移将胸省分别转移到腋下、前中心、领口、肩部、袖窿、腰部等部位分别形成省道或褶量,使省道的作用与款式的变化结合在一起。六个任务领子结构、袖子结构的遴选主要考虑适度够用的原则,领子结构有常见的平领、翻领(一片式翻领、两片式翻领)、驳领(平驳领、戗驳领),袖子结构有常见的无袖、一片袖(宽松平袖、瘦身袖)、两片式西装袖。

每个任务的缝制工艺都参照当前工业生产的实际要求,每个项目都配有与结构设计相配套的工艺步骤图解,任务一、二、三为单层服装工艺,任务四、五、六为双层服装工艺,其中任务五是比较典型的女西装工艺。

任务一 腋下省女衬衫结构设计与工艺

一、任务目标

1. 以腋下省女衬衫为例,掌握省道类修身型女上装的款式特点与结构特征。
2. 会制订省道类修身型女上装的号型规格表。
3. 会进行省道类修身型女上装的结构制图。
4. 会进行省道类修身型女上装的纸样设计与制作。
5. 以腋下省女衬衫为例,会进行衬衫面辅料整理。
6. 以腋下省女衬衫为例,掌握衬衫铺布、排料及裁剪工艺。

7. 掌握省道类修身型女上装的衣身缝制工艺。

8. 掌握衬衫翻领缝制工艺。

9. 掌握衬衫短袖缝制工艺。

10. 以腋下省女衬衫为例,掌握短袖类女衬衫工艺流程。

二、任务描述

　　以腋下省女衬衫典型款式为例,引导学生进行款式特点分析,在此基础上进行省道类修身型女上装的结构特征分析;以现行国家标准的女子中间体为例,在其主要控制部位号型规格的基础上引导学生进行放松量设计,规范合理地制订成品号型规格表;围绕修身型女上装省道结构原理与运用技巧,在成品号型规格表的基础上引导学生进行平面结构制图,并在此基础上进行纸样设计与纸样制作;根据款式要求进行面辅料的配置与整理,合理进行铺布、排料、裁剪工艺,依据衬衫工业化生产工艺流程及女衬衫相关技术要求,指导学生完成衣身工艺、领子工艺、袖子工艺,并在此基础上进一步完成后整理、锁眼钉扣及成品质量检验工作。

三、相关知识点

1. 省道类修身型女上装的款式结构分析要点。

2. 省道类修身型女上装的放松量设计要点。

3. 成品号型规格表相关知识。

4. 省道类修身型女上装的衣身结构制图思路与步骤。

5. 领子结构、袖子结构与衣身结构的相关性。

6. 省道类修身型女上装前片、后片纸样设计原理与技巧。

7. 省道类修身型女上装纸样制作的相关知识。

8. 衬衫面辅料配置的相关性。

9. 衬衫面辅料整理要点。

10. 衬衫工业化生产工艺流程。

11. 女衬衫技术要求及质量检验标准。

12. 衬衫衣身、领子、袖子工艺的相关性。

四、任务实施

过程一 款式结构分析

衣身结构从前中心到后中心共有两片,即前片和后片,故称为两开身衣身结构,前片胸省和腰省进行突出胸部和吸腰造型设计,侧缝及后片有腰省进行吸腰造型设计,因此衣身为修身型;短袖长至上臂中部,为配合衣身的修身造型,袖子与衣身较贴合,袖口尺寸大小适中;领子为一片式翻领,后中心既有领座部分又有翻领部分。

过程二 结构设计

（一）成品号型规格设计

1. 号型规格表（单位:cm）

腋下省女衬衫号型规格如下表所示:

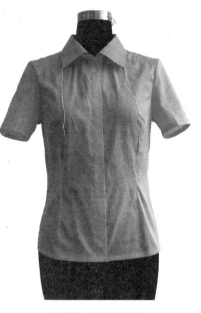

号型	肩宽	胸围	腰围	下摆围	后中长	袖长
160/84A	38	90	76	94	56	20

2. 放松量设计

肩宽为自然全肩宽,胸围放松量 6 cm,胸腰差 14 cm,衣长至臀围线,摆围线即臀围线,基本放松量 4 cm。

（二）结构制图

步骤一 衣身结构制图要点（先后片再前片,如图 1-1-1 所示）

腋下省女衬衫款式

面料:全棉衬衫布

辅料:20 g 无纺衬

直径 1.2 cm 衬衫钮扣

配色缝纫线

1. 后片结构

① 后中心线:后中长 56 cm;

② 腰节线:背长 38 cm;

③ 后横开领:净胸围/12+1 cm＝8 cm;

（注:净胸围/12 为原型横开领,刚好位于女子中间体的侧颈点位置）

④ 后直开领:2.4 cm;

⑤ 肩斜角度是肩线与水平方向所成的夹角,后片肩斜角度为20°;

⑥ 后片肩端点:肩宽/2−1 cm＝18 cm;

⑦ 后片胸围线位置从侧颈点向下量:成衣胸围/4+1 cm＝23.5 cm;

⑧ 后背宽线:肩端点进 0.5 cm;

⑨ 后片胸围:成衣胸围/4 ＝22.5 cm。

2. 前片结构

① 延长后片胸围线量前片胸围:成衣胸围/4 ＝22.5 cm,确定前中心线;

② 侧缝腋下位置预留胸省 2.5 cm;

③ 在后片腰节线下降 2.5 cm 位置确定前片腰节线;

（注:出于腰节以上前后片侧缝长度相等的考虑）

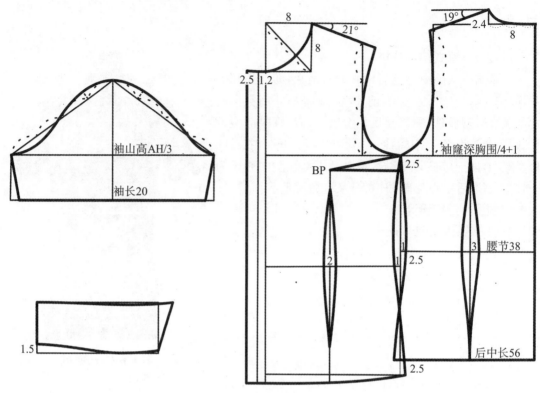

图 1-1-1　腋下省女衬衫结构图

④ 在后片衣长线下降 2.5 cm 位置确定前片衣长线；

（注：出于腰节以下前后片侧缝长度相等的考虑）

⑤ 依据前腰节长＝后腰节长（从后片侧颈点量到后腰节线），确定前片侧颈点高度；

（注：腰节长是从侧颈点垂直量到腰节线的距离）

⑥ 前横开领：后横开领－0.3 cm＝7.7 cm；

⑦ 前直开领：8 cm；

（注：当前直开领为 7 cm 左右，刚好位于女子中间体的前颈点位置）；

⑧ 前片肩斜角度为 22°；

⑨ 前小肩：量取后小肩长度，再加 1 cm；

（注：小肩是指衣片肩线的长度）

⑩ 前胸宽线：前胸宽＝后背宽－1 cm；

⑪ 胸高量：前中心向下加长 1～1.5 cm。

3．吸腰量

① 后片腰省 3 cm（腰节线省道两边距离均衡），省尖在上至胸围线、下至距离臀围线 3～4 cm 位置；

② 前片腰省 2 cm（腰节线省道两边距离均衡），省尖在上至距离 BP 点 3 cm、下至距离臀围线 5～6 cm 位置；

③ 前侧缝腰省 1 cm,后侧缝腰省 1 cm。

4. 领圈与袖窿

① 肩缝拼合后前后领圈能顺利过渡;

② 肩缝拼合后前后袖窿能顺利过渡。

步骤二　领子结构制图要点

① 领子内圈弧线＝后领圈弧线＋前领圈弧线;

② 领子后中心起翘量 1 cm 左右;

③ 领子前中心起翘量 0.5 cm 左右。

步骤三　袖子结构制图要点

① 袖山高：AH/4(注：AH 是整个袖窿弧线长度);

② 袖山弧长＝袖窿弧长。

过程三　纸样设计与制作

(一) 纸样处理

1. 前片纸样处理(图 1－1－2)

① 将预留的 2.5 cm 胸省移至腋下 6 cm 位置,省尖指向 BP 点,距离 BP 点 3～4 cm;

② 修正省道两边的长度,使得省道两边长度一致。

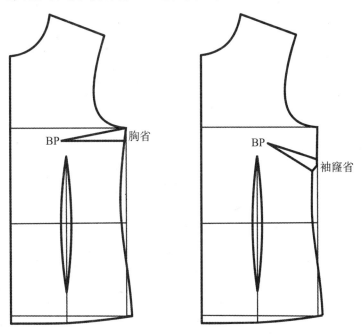

图 1－1－2　腋下省女衬衫前片纸样处理

2. 后片纸样处理(图 1－1－3)

① 肩部纵向剪切后拉开 1 cm,使得后小肩等于前小肩,同时肩宽回到正常位置;

② 袖窿处横向剪切后重叠 0.6 cm 左右,袖窿弧线缩短,减少背部后袖窿富余量;

③ 后背中心横向剪切后重叠 0.2 cm 左右,后中长在背部略缩短,减少后中心背部富余量;

④ 修正肩缝、袖窿、后中心轮廓线。

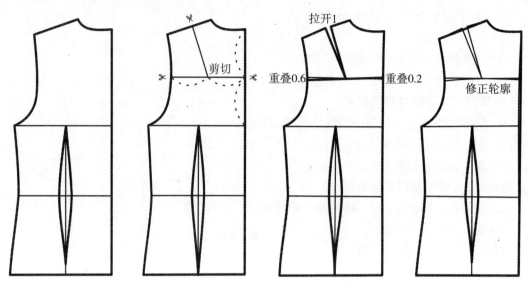

图 1-1-3 腋下省女衬衫后片纸样处理

(二)纸样制作

1. 表布纸样制作(图 1-1-4)

① 袖口贴边、下摆贴边各放缝 2.5 cm;

② 其余部位各放缝 1 cm。

③ 对位刀眼:

a. 领子与领圈三刀眼位置:左肩缝、后中心、右肩缝;

b. 袖子与袖窿三刀眼位置:前袖山与前袖窿(单刀眼)、袖山顶点与袖窿肩缝、后袖山与后袖窿(双刀眼);

c. 衣身腰节位置;

d. 门襟折边位置。

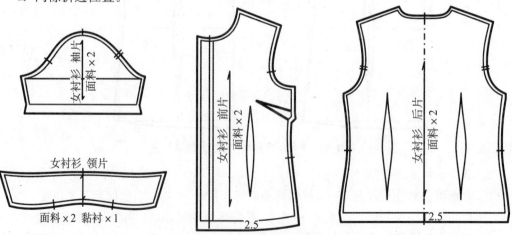

图 1-1-4 腋下省女衬衫表布纸样制作

2. 净样板制作(图1-1-5)

① 领子。

② 门襟条:宽度2.5 cm,长度略长于门襟。

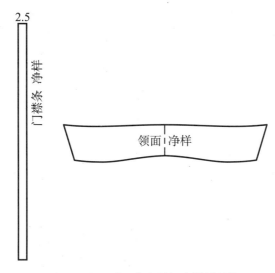

图1-1-5 腋下省女衬衫净样板制作

过程四 样衣制作

(一)面料整理

将面料门幅居中对折、正面相对、两布边对齐,在烫台上放平,将熨斗调到合适温度,打开蒸汽开关沿经纱方向来回按次序熨烫面料,注意控制熨斗对面料的压力不能太重,以不移动面料为宜,蒸汽熨斗缓慢移动,以确保面料每个部位都被蒸汽熨斗充分熨烫;蒸汽熨斗烫完后,将面料放平晾干。

(二)铺布

将面料门幅居中对折,双层铺料,正面相对,布边对齐,为方便排料与裁剪操作,将布边一侧靠近操作者身体一侧的桌子边,并且与桌子边平行,距离均匀3~5 cm,这样即可以把桌子边看成是面料经纱方向。

(三)样板排料

腋下省女衬衫的单件排料如图1-1-6所示。

① 布料门幅宽140 cm。

② 排料方法:先大后小,先排前片和后片,后排袖子和领子;丝缕摆正,每块样板的丝缕线与经纱方向保持一致;相邻裁片尽量紧挨着排料,袖山套袖窿,节约用料尽量减少经纱方向的用料长度。

③ 面料用料:衣长+袖长-10 cm。

(四)裁剪

腋下省女衬衫单件裁片如图1-1-7所示。

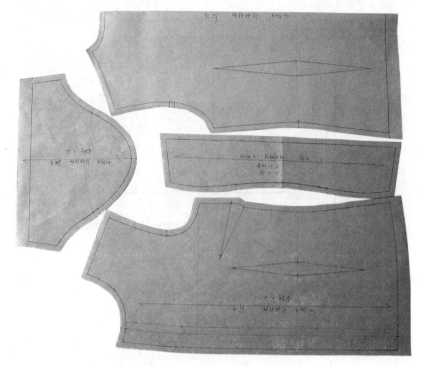

图 1-1-6 腋下省女衬衫单件排料

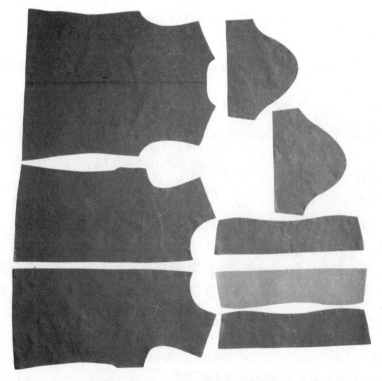

图 1-1-7 腋下省女衬衫单件裁片

1. 裁片数量(单位：片)

后片×1；前片×2，注意对称性；袖子×2，注意对称性；领子×2，注意对称性。

2. 粘衬数量(单位：片)

领子×1，领面黏衬。

3. 做好对位标记

裁片轮廓边缘打对位刀眼：腰节线位置有前片、后片腰节点；袖山袖窿对位三刀眼，袖山前袖标刀眼对袖窿前袖标刀眼，袖山后袖标刀眼对袖窿后袖标刀眼，袖山顶点刀眼对袖窿肩缝点，其中为了方便区分袖山和袖窿的前后而在前一侧都打一个刀眼、后一侧都打一对刀眼(两个刀眼间距均匀，通常为 1 cm 左右)；领子领圈对位三刀眼，领子内圈(与领圈吻合的一边)居中的后中心刀眼对后领圈中心刀眼，领子内圈的左右肩缝刀眼分别对领圈的左右肩缝点；其他部位有腋下省的大小位置点。

裁片轮廓内部点省位：前片腋下省是单向省，省尖点位；前片腰省和后片腰省是双向省，分别在两个省尖点位和两个腰节省道大小位置点位；注意前后片左右省道的对称性，控制省道的两边长度数量吻合。

4. 做好裁片反面标记

用画衣粉轻轻在裁片反面做上记号。

（五）缝制工艺

步骤一　衣身工段

1. 前片工艺

腋下省女衬衫前片缝制工艺如图 1-1-8 所示。

① 画腋下省、腰省位：两前片一起画，注意对称性；

② 门襟扣烫：第一道扣烫将 1 cm 缝份向内折光；第二道扣烫将 2.5 cm 贴边向内折烫均匀；

③ 缉门襟贴边止口：沿 2.5 cm 贴边的 1 cm 折烫线骑坑缉 0.1 cm 止口线，从里面缉出表面，距离门襟止口 2.5 cm；

④ 收省道：车缝省道，注意省道收尖且留 5 cm 左右线头用于打双结来锁住省尖，第一结稍放松，第二结略带紧，修剪线头留 0.5 cm 左右；

⑤ 扣烫省道：腋下省缝向下扣倒；腰省缝向后中心扣倒；注意表面省缝线要拉直。

图 1-1-8　腋下省女衬衫前片缝制工艺

2. 后片工艺

腋下省女衬衫后片缝制工艺如图1-1-9所示。

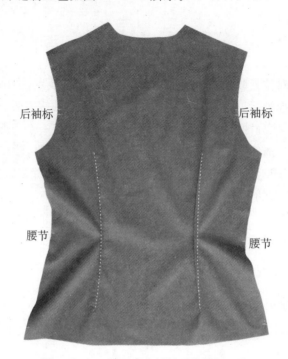

图1-1-9 腋下省女衬衫后片缝制工艺

① 画省位：注意对称性；

② 收省道：车缝省道，注意省道收尖且留5 cm左右线头用于打双结来锁住省尖，第一结稍放松，第二结略带紧，修剪线头留0.5 cm左右；

③ 扣烫省道：腰省缝向后中心扣倒；注意表面省缝线要拉直。

图1-1-10 腋下省女衬衫拷肩缝工艺

3. 拷肩缝

腋下省女衬衫拷肩缝工艺如图1-1-10所示。

① 车缝一道：前后衣片表面相对、领圈相对、袖窿相对，从左肩缝车缝到右肩缝，注意起止位置倒回针3～4针；

② 包缝一道：用三线包缝机包缝左右肩缝，两层一起包缝，前片朝上；

③ 扣烫肩缝：缝头向后倒。

步骤二 袖工段

1. 扣烫袖口边

腋下省女衬衫扣烫袖口边工艺如图1-1-11所示。

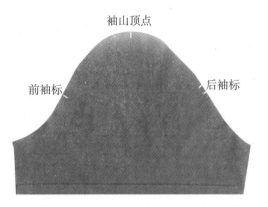

图 1-1-11 腋下省女衬衫扣烫袖口边工艺

第一道将 1 cm 缝份向内折光;

第二道将 1.5 cm 贴边向内扣倒。

2. 绱袖

腋下省女衬衫上袖车缝工艺如图 1-1-12 所示。

① 袖山预抽紧:比对袖山与袖窿弧线的长度,利用缝线将袖山弧线略抽紧,注意用于抽袖山的缝线不要超出 1 cm 缝份范围;

② 袖山、袖窿对位:前袖山与前袖窿的单刀眼对位,后袖山与后袖窿的双刀眼对位,袖山顶点刀眼与肩缝对位,注意两边袖子的对称性;

③ 车缝一道:袖子袖山在上、衣身袖窿在下;车缝时注意上下两层缝边对齐、缝份控制均匀,防止袖窿拉伸;上袖三刀眼对齐,车缝起始位置对齐。

腋下省女衬衫袖窿包缝工艺如图 1-1-13 所示。

① 包缝一道:用三线包缝机包缝上好袖子的袖窿缝份,两层一起包缝,衣身袖窿朝上,注意控制缝份要均匀;

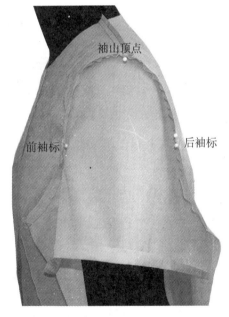

图 1-1-12 腋下省女衬衫上袖车缝工艺

② 整理缝份:将包缝好的袖窿缝份伸向袖窿一侧。

3. 拷摆缝

腋下省女衬衫拷摆缝工艺如图 1-1-14 所示。

① 车缝一道:侧缝和袖缝连在一起车缝,前身在上、后身在下,缝份为 1 cm,要控制均匀,前后衣身腰节刀眼对齐,袖窿底部十字缝对齐,袖窿缝份朝向袖子一侧,腋下省缝朝向下摆;

② 包缝一道:用三线包缝机包缝摆缝,两层一起包缝,前身朝上。

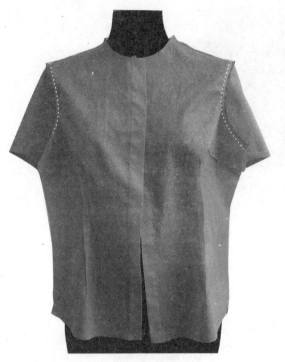 

图 1－1－13　腋下省女衬衫上袖包缝工艺　　　　图 1－1－14　腋下省女衬衫拷摆缝工艺

步骤三　领工段

1. 做领

① 粘衬(图 1－1－15)：领面用一层 20 g 无纺衬；

图 1－1－15　腋下省女衬衫领子粘衬

② 勾领子(图 1－1－16)：

扣烫领面、画净样，扣烫领面的上领缝份，领面的无纺衬上画净缝线。

领面、领里表面相对，沿净缝线三周勾缉 1 cm，注意领角最尖一针埋入线头(辅助翻领角用)，起止位置距离净缝线留出 0.5 cm 左右不缝(以便于上领时放入平缝机压脚边)。

图 1-1-16 腋下省女衬衫勾领子

修剪缝份：两层并齐修剪至 0.5 cm，领角处修剪至 0.3 cm。

③ 止口整理（图 1-1-17）：

领面领里运返，将勾好的领子表面翻出，注意拉领角线头时不可用力过猛；

整烫领子：将勾领子三周的止口充分烫出烫匀；

做好上领三刀眼标记，即左、右肩缝对位刀眼和领子后中心刀眼。

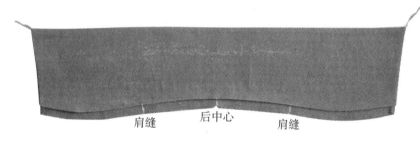

肩缝　　后中心　　肩缝

图 1-1-17 腋下省女衬衫领子止口整理

2. 绱领

（1）绱领准备（图 1-1-18）

对位标记：做好领子、领圈的三刀眼对位标记；

比对领子领圈的松紧程度，领子略紧于领圈为好。

（2）绱领车缝（图 1-1-19）

领里与领圈表面相对车缝一道，领子在上，领圈在下，上下两层缝边对齐，止口为 1 cm，要控制均匀，注意三刀眼的对位。

（3）绱领盖缉（图 1-1-20）

将领面盖平上领第一道线，骑坑缉 0.1 cm 止口，注意上领三

图 1-1-18 腋下省女衬衫上领准备

刀眼的对位，注意两个拐角前 0.5 cm 的封口，起止位置倒回 3～5 针。

图 1-1-19 腋下省女衬衫上领车缝

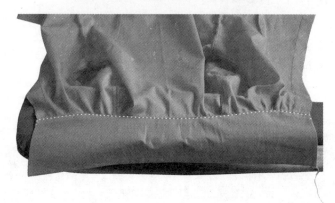

图 1-1-20 腋下省女衬衫上领盖缉

步骤四 卷底边

1. 下摆卷边

（1）下摆扣烫（图 1-1-21）

第一道扣烫将 1 cm 缝份向内折光，第二道扣烫将 1.5 cm 贴边向内折烫均匀。

（2）缉下摆（图 1-1-22）

沿 1.5 cm 折烫线骑坑缉 0.1 止口线，从里面缉出表面，距离下摆止口 1.5 cm，起止位置倒回 3～5 针；

图 1-1-21 腋下省女衬衫下摆扣烫

图 1-1-22 腋下省女衬衫缉下摆

2. 袖口卷边

同下摆卷边。

五、任务评价

（一）评价方案

评价指标	评 价 标 准	评价依据	权重	得分
结构设计	A：成品号型规格表格式、内容正确，放松量设计合理；衣身结构制图步骤正确，袖子与衣身袖窿结构匹配，领子与衣身领圈结构匹配，结构合理、线条清楚； B：成品号型规格表格式、内容基本正确，放松量设计较合理；衣身结构制图步骤基本正确，袖子与衣身袖窿结构基本匹配，领子与衣身领圈结构基本匹配，结构基本合理、线条较清楚； C：成品号型规格表格式、内容欠缺，放松量设计欠合理；衣身结构制图步骤欠正确，袖子与衣身袖窿结构欠吻合，领子与衣身领圈结构欠吻合，结构欠合理、线条欠清楚	成品号型规格表；1∶1衣身制图、领子制图、袖子制图	20	
纸样设计与制作	A：前、后片纸样结构处理合理正确；纸样制作齐全，结构合理，标注清楚； B：前、后片纸样结构处理基本合理正确；纸样制作基本齐全，结构基本合理，标注基本清楚； C：不能正确进行前、后片纸样结构处理；不能正确合理地进行纸样制作	前、后片纸样结构处理；整套工业纸样	15	
样衣制作	A：能合理进行面辅料检验、整烫、整理；能根据操作正确性、便利性合理铺料；排料方法正确，裁片丝缕正确，最大限度节省长度方向用料；裁剪顺序、方法合理，裁片丝缕、正反面正确，裁片与纸样吻合；衣身工段、袖工段、领工段、卷底边工艺方法正确，工艺符合质量要求；锁眼、钉扣位置合理，大小匹配； B：能基本合理进行面辅料检验、整烫、整理；铺布方式基本正确；排料方法基本正确，裁片丝缕基本正确，节省长度方向用料；裁剪顺序、方法较合理，裁片丝缕、正反面较正确，裁片与纸样较吻合；衣身工段、袖工段、领工段、卷底边工艺方法基本正确，工艺基本符合质量要求；锁眼、钉扣位置较合理，大小基本匹配； C：面辅料正反面不分，整烫不到位或没整烫；铺料欠平整，正反面不合理，布边不齐；排料顺序、方法欠合理，不能做到合理节省用料；裁剪顺序、方法欠合理，裁片丝缕、正反面欠正确，裁片与纸样欠吻合；衣身工段、袖工段、领工段、卷底边工艺方法欠正确，工艺质量要求有较大偏差；锁眼、钉扣位置欠合理，大小有较大偏差	衬衫面辅料；铺料操作；排料操作；面辅料裁剪；缝制工艺；锁眼钉扣	35	
课堂纪律	A：上课认真，态度端正； B：上课较认真，态度较端正； C：常有迟到、早退、缺课现象，不遵守课堂纪律	课堂表现	10	

（续表）

评价指标	评 价 标 准	评价依据	权重	得分
学习习惯	A：上课准备充分，作业认真及时； B：上课准备较充分，作业基本认真及时； C：上课不准备，不能认真及时完成作业	课前及课后作业表现	10	
岗位习惯	A：积极做好卫生工作，按规定进行操作； B：能做好卫生工作，基本按规定进行操作； C：不能做好卫生工作，不能按规定进行操作	课堂及课后表现	10	
总　　分				

（二）样衣制作质量细则

腋下省女衬衫质量评分表

项目	序号	质 量 标 准	轻缺陷	扣分	重缺陷	扣分	严重缺陷	扣分
领 （30分）	1	领子平服，领面松紧适宜，不起皱	轻起皱		重起皱，反翘		严重起皱，反翘	
	2	领尖左右、长短一致	互差 0.1 cm		互差 0.2 cm		互差 0.3 cm 以上	
	3	领止口不反吐	轻反吐		重反吐		严重反吐	
	4	上领缉线顺直	互差＞0.1 cm		互差＞0.2 cm			
	5	领角方正	轻不方正		重不方正			
	6	缉领对位准确、无偏斜	偏斜 0.5 cm		偏斜＞0.8 cm		偏斜＞1.0 cm	
	7	缉领车缝均匀	轻不均匀		重不均匀		严重不匀	
	8	缉领盖缉线顺直	轻不顺直		重不顺直		严重不顺直	
	9	缉领线骑坑、无接线或跳针	1 处接线		2 处接线跳针		缉线掉坑	
	10	底领不外露	轻外露		重外露			
门里襟 （20分）	11	门里襟长短一致	互差＞0.3 cm		互差＞0.4 cm		互差＞0.5 cm	
	12	门里襟挂面阔狭一致	互差＞0.3 cm		互差＞0.5 cm			
缉袖 （25分）	13	缉袖缝份宽窄一致	轻宽窄		重宽窄			
	14	缉袖圆顺、平滑	轻不圆顺轻皱		重不圆顺重皱			

（续表）

项目	序号	质 量 标 准	轻缺陷	扣分	重缺陷	扣分	严重缺陷	扣分
摆缝与底边（15分）	15	袖底缝、摆缝、松紧适宜	轻微起皱		重起皱		严重起皱	
	16	包缝宽窄一致	阔窄＞0.1 cm		阔窄＞0.2 cm		阔窄＞0.3 cm	
	17	袖底十字裆对齐	错位＞0.3 cm		错位＞0.5 cm			
	18	底边宽窄一致			宽窄＞0.3 cm			
整洁牢固（10分）	19	领面起极光、有浮线			有			
	20	针距＞12 针/3 cm			针距＜12 针/3 cm			
	21	无断线或脱线	断线或脱线＞0.5 cm		断线或脱线＜2 cm			
	22	无污渍、线头	正面1根反面2根		正面 2 根以上，反面 4 根以上			
合 计								

备注：
一、下列情况扣分标准：
　1. 凡各部位有开、脱线大于 2 cm 小于 2 cm 扣 4 分，大于 2 cm 以上扣 8 分，部位：＿＿＿＿＿＿＿

＿＿

　2. 凡有丢工、错工各扣 8 分，部位：＿＿＿＿＿＿＿＿＿＿＿＿＿＿＿＿＿＿＿＿＿＿＿
　3. 严重油污在 2 cm 以上扣 8 分，部位：＿＿＿＿＿＿＿＿＿＿＿＿＿＿＿＿＿＿＿＿＿

＿＿

　4. 凡出现事故性质量问题、烫黄、破损、残破扣 20 分，部位：＿＿＿＿＿＿＿＿＿＿＿＿＿

二、轻缺陷扣 1 分、重缺陷扣 2 分、严重缺陷扣 3 分。

考核结果	质量：应得 100 分。扣＿＿＿＿分，实得＿＿＿＿分。	评分记录	

六、实训练习

（一）题目：按款式要求完成一款省道类修身型女上装结构设计与工艺。

（二）要求：

1. 能抓住款式和材料特点进行款式结构分析；

2. 能合理进行结构设计；

3. 能合理进行纸样设计与制作；

4. 能参照衬衫质量要求进行样衣制作。

任务二　中心褶女衬衫结构设计与工艺

一、任务目标

1. 以中心褶女衬衫为例,掌握功能性褶裥类修身型女上装的款式特点与结构特征。
2. 会制订功能性褶裥类修身型女上装的号型规格表。
3. 会进行功能性褶裥类修身型女上装的结构制图。
4. 会进行功能性褶裥类修身型女上装的纸样设计与制作。
5. 以中心褶女衬衫为例,会进行衬衫面辅料整理。
6. 以中心褶长袖女衬衫为例,掌握衬衫铺布、排料及裁剪工艺。
7. 掌握功能性褶裥类修身型女上装的衣身缝制工艺。
8. 掌握上下节衬衫领缝制工艺。
9. 掌握小袖衩、带袖头衬衫长袖缝制工艺。
10. 以中心褶女衬衫为例,掌握功能性褶裥类女衬衫工艺流程。

二、任务描述

　　以中心褶女衬衫典型款式为例,引导学生进行款式特点分析,在此基础上进行功能性褶裥类修身型女上装的结构特征分析;以现行国家标准的女子中间体为例,在其主要控制部位号型规格的基础上引导学生进行放松量设计,规范合理地制订成品号型规格表;围绕修身型女上装省道结构原理与运用技巧,在成品号型规格表的基础上引导学生进行平面结构制图,并在此基础上进行纸样设计与纸样制作。

　　以中心褶女衬衫典型款式为例,根据款式要求进行面辅料的配置与整理;根据制作完成的中心褶女衬衫典型款式纸样,合理进行铺布、排料、裁剪工艺;依据衬衫工业化生产工艺流程及女衬衫质量技术要求,指导学生完成衣身工艺、领子工艺、袖子工艺,并在此基础上进一步完成后整理、锁眼钉扣及成品质量检验工作。

三、相关知识点

1. 功能性褶裥类修身型女上装的款式结构分析要点。
2. 功能性褶裥类修身型女上装的放松量设计要点。
3. 成品号型规格表相关知识。

4. 功能性褶裥类修身型女上装的衣身结构制图思路与步骤。

5. 领子结构、袖子结构与衣身结构的相关性。

6. 功能性褶裥类修身型女上装前片、后片纸样设计原理与技巧。

7. 功能性褶裥类修身型女上装纸样制作的相关知识。

8. 衬衫面辅料配置的相关性。

9. 衬衫面辅料整理要点。

10. 衬衫工业化生产工艺流程。

11. 女衬衫质量技术要求。

12. 衬衫衣身、领子、袖子工艺的相关性。

四、任务实施

过程一　款式结构分析

衣身为两开身结构,前片前中心胸部有符合胸部造型的细褶,胸省都转移到前中心位置,胸省量转换成抽细褶量,前片、后片及侧缝有腰省进行吸腰造型,因此衣身为修身型;袖子长度由袖身和袖头两部分组成,袖长为全袖,长至手掌根部,为配合衣身的修身造型,袖子与衣身较贴合,袖口尺寸大小适中;领子分为上下节,下领沿着脖子立起来,上领装在下领上翻下去。

中心褶女衬衫款式
面料:11076 全棉衬衫布
辅料:20 g 无纺衬
1.2 cm 直径衬衫钮扣

过程二　结构设计

(一)成品号型规格设计

1. 号型规格表(单位:cm)

中心褶女衬衫号型规格如下表所示:

号型	肩宽	胸围	腰围	摆围	后中长	袖长
160/84A	38	90	76	94	53	58

2. 放松量设计

肩宽为自然全肩宽,胸围放松量 6 cm,胸腰差 14 cm,衣长至臀围线上 3 cm 左右,下摆线接近臀围线,基本放松量 4 cm 左右,袖山较高,袖肥较瘦,袖子比较贴身。

(二)结构制图

步骤一　衣身结构制图要点(先后片再前片,如图 1-2-1 所示)

1. 后片结构

① 后中心线:后中长 53 cm;

② 腰节线:背长－1 cm＝37 cm(腰节线位置可随衣长变化以背长尺寸为基准上下浮动);

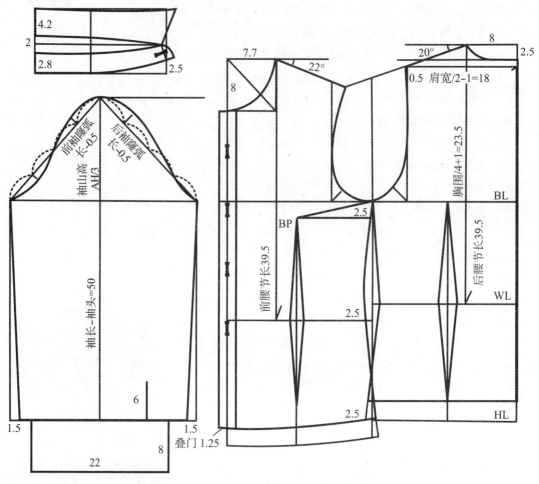

图1-2-1 中心褶女衬衫结构图

③ 后横开领：净胸围/12＋1 cm＝8 cm；

（注：净胸围/12 为原型横开领，刚好位于女子中间体的侧颈点位置）

④ 后直开领：2.5 cm；

⑤ 后片肩斜角度为 20°；

⑥ 后片肩端点：肩宽/2－1 cm＝18 cm；

⑦ 后片胸围线位置从侧颈点向下量：成衣胸围/4＋1 cm＝23.5 cm；

⑧ 后背宽线：肩端点进 0.5 cm；

⑨ 后片胸围：成衣胸围/4＝22.5 cm。

2. 前片结构

① 延长后片胸围线量前片胸围：成衣胸围/4 ＝22.5 cm，确定前中心线；

② 侧缝腋下位置预留胸省 2.5 cm；

③ 在后片腰节线下降 2.5 cm 位置确定前片腰节线；

（注：出于腰节以上前后片侧缝长度相等的考虑）

④ 在后片衣长线下降 2.5 cm 位置确定前片衣长线；

（注：出于腰节以下前后片侧缝长度相等的考虑）

⑤ 依据前腰节长＝后腰节长（从后片侧颈点量到后腰节线），确定前片侧颈点高度；

（注：腰节长是从侧颈点垂直量到腰节线的距离）

⑥ 前横开领：后横开领－0.3 cm＝7.7 cm；

⑦ 前直开领：8 cm；

（注：当前直开领为 7 cm 左右，刚好位于女子中间体的前颈点位置）

⑧ 前片肩斜角度为 22°；

⑨ 前小肩＝后小肩；

（注：小肩是指衣片肩线的长度）

⑩ 前胸宽线：前胸宽＝后背宽－1 cm；

⑪ 胸高量：前中心向下加长 1～1.5 cm。

3. 吸腰量

① 后片腰省 3 cm（腰节线省道两边距离均衡），省尖在上至胸围线、下至距离臀围线3～4 cm 位置；

② 前片腰省 2 cm（腰节线省道两边距离均衡），省尖在上至距离 BP 点 3 cm、下至距离臀围线 5～6 cm 位置；

③ 前侧缝腰省 1 cm，后侧缝腰省 1 cm。

4. 领圈与袖窿

① 肩缝拼合后前后领圈能顺利过渡；

② 肩缝拼合后前后袖窿能顺利过渡。

步骤二　领子结构制图要点

① 下领弧线＝后领圈弧线＋前领圈弧线＋叠门；

② 下领弧线前中心起翘量是 2.5 cm 左右；

③ 上领弧线后中心起翘量是 2.5 cm 左右。

步骤三　袖子结构制图要点

① 袖山高：AH/3（注：AH 是整个袖窿弧线长度）；

② 袖山弧长＝袖窿弧长。

过程三　纸样设计与制作

（一）纸样处理

1. 前片纸样处理（图 1－2－2）

① 省道转移：采用纸样剪切法将预留的 2.5 cm 胸省转移至前中心位置，形成 2 cm 左右的中心省；但是该省量全部转换成抽褶量显然效果不够明显，因此前中心位置需要进一步展开以获得合适的抽褶量；

② 进一步展开抽褶量：在距离省道两边 2 cm 的位置分别增加一条水平方向的辅助线，然后分别从前中心剪开至袖窿和侧缝位置（注意不要剪开袖窿和侧缝），并且分别在前中心位置展开 1 cm 左右，这时前中心的抽褶量合计在 4 cm 左右；

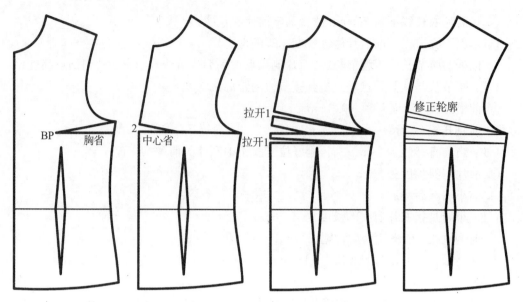

图 1-2-2　中心褶女衬衫前片纸样处理

③ 修正纸样轮廓线：修正前中心、袖窿、侧缝轮廓线。

2. 后片纸样处理（图 1-2-3）

① 肩部纵向剪切后拉开 1 cm，肩宽回到正常位置；

② 袖窿处横向剪切后重叠 0.6 cm 左右，袖窿弧线缩短，减少背部袖窿富余量；

③ 后背中心横向剪切后重叠 0.2 cm 左右，后中长在背部略缩短，减少后中心背部富余量；

④ 修正肩缝、袖窿、后中心轮廓线。

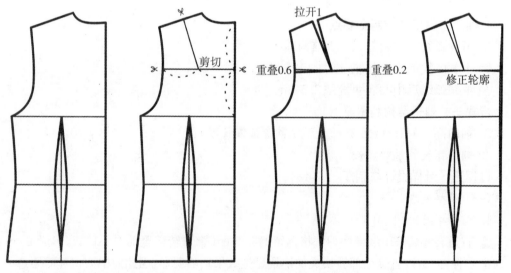

图 1-2-3　中心褶女衬衫后片纸样处理

（二）纸样制作

1. 表布纸样制作（图 1-2-4）

① 下摆贴边放缝 1.5 cm；

② 其余部位各放缝 1 cm；

③ 对位刀眼：

a. 领子与领圈三刀眼位置：左肩缝、后中心、右肩缝；

b. 袖子与袖窿三刀眼位置：前袖窿（单刀眼）、肩缝、后袖窿（双刀眼）；

c. 前、后衣身腰节位置；

d. 门襟抽褶位置；

e. 袖衩条：长 14 cm、宽 2.5 cm。

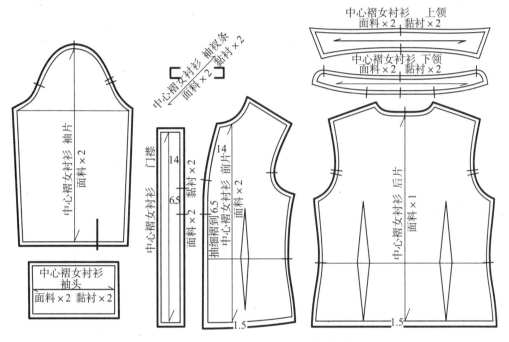

图 1－2－4　中心褶女衬衫表布纸样制作

2. 净样板制作（图 1－2－5）

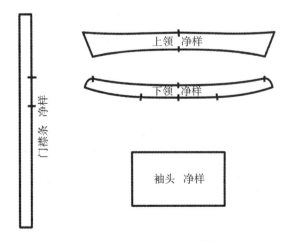

图 1－2－5　中心褶女衬衫净样板制作

① 上领；

② 下领；

③ 袖头；

④ 门襟条：宽度 2.5 cm，长度略长于门襟。

过程四　样衣制作

（一）面料整理

将面料门幅居中对折、正面相对、两布边对齐，在烫台上放平，将熨斗调到合适温度，打开蒸汽开关沿经纱方向来回按次序熨烫面料，注意控制熨斗对面料的压力不能太重，以不移动面料为宜，蒸汽熨斗缓慢移动，以确保面料每个部位都被蒸汽熨斗充分熨烫；蒸汽熨斗烫完后，将面料放平晾干。

（二）铺布

将面料门幅居中对折双层铺料，正面相对，布边对齐，为方便排料与裁剪操作，将布边一侧靠近操作者身体一侧的桌子边，并且与桌子边平行，距离均为 3～5 cm，这样就可以把桌子边看成是面料经纱方向。

（三）样板排料

中心褶女衬衫的单件排料如图 1-2-6 所示。

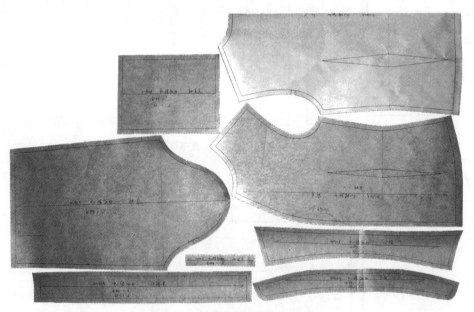

图 1-2-6　中心褶女衬衫单件排料

① 布料门幅宽 140 cm；

② 铺布方式：沿经纱方向双层对折铺料，面料正面与正面相对；

③ 排料方法：

a. 先大后小：前片、后片、袖片等面积大的先排，领子、袖头、门襟等面积小的找空档穿插；

b. 保证裁片数量；

c. 保证样板丝缕线与面料经纱方向一致；

d. 尽量保证裁片顺向一致；

e. 为避免经向色差,相邻裁片尽量在同一纬线方向排开；

④ 控制面料长度方向用料,中心褶女衬衫用料长度为衣长＋袖长。

（四）裁剪

中心褶女衬衫单件裁片如图 1－2－7 所示。

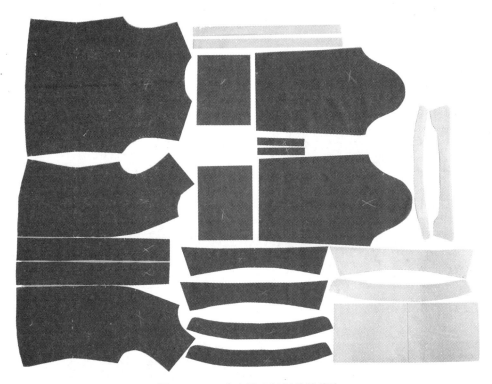

图 1－2－7　中心褶女衬衫单件裁片

1. 裁片数量（单位：片）

后片×1;前片×2,注意对称性;门襟×2,注意对称性;袖子×2,注意对称性;上领×2;下领×2;袖头×2。

2. 粘衬数量（单位：片）

门襟×2,门襟面黏衬;上领×1,领面黏衬;下领×1,领面黏衬;袖头×2,袖头面黏衬。

3. 做好对位标记

裁片轮廓边缘打对位刀眼：腰节线位置有前片、后片腰节点、袖片袖肘位置点;袖山袖窿对位三刀眼,袖山前袖标刀眼对袖窿前袖标刀眼,袖山后袖标刀眼对袖窿后袖标刀眼,袖山顶点刀眼对袖窿肩缝点,其中为了方便区分袖山和袖窿的前后而在前一侧都打一个刀眼、后一侧都打一对刀眼（两个刀眼间距均匀,通常 1 cm 左右）;上领片居中位置点,上下领缝合起始点,下领与领圈对位三刀眼,下领的中心刀眼对后领圈中心刀眼,下领的左右肩缝刀眼分别对领圈的左右肩缝点;其他部位有前片抽褶位置的起始点、开小袖衩位置点。

裁片轮廓内部点省位:前片腰省和后片腰省是双向省,分别在两个省尖点位和两个腰节省道大小位置点位;注意前后片左右省道的对称性,控制省道的两边长度数量吻合。

4. 做好裁片反面标记

用画衣粉轻轻在反面做上记号。

图 1-2-8 中心褶女衬衫前片缝制工艺

2. 后片工艺

中心褶女衬衫后片缝制工艺如图1-2-9所示。

① 划省位:注意对称性。

② 收省道:车缝省道,注意省道收尖且留 5 cm 左右线头用于打双结来锁住省尖,第一结稍放松,第二结略带紧,修剪线头留 0.5 cm 左右。

③ 扣烫省道:腰省缝向后中心扣倒;注意表面省缝线要拉直。

3. 门襟工艺

中心褶女衬衫门襟粘衬工艺如图1-2-10所示。

① 准备 3 cm 宽的门襟条粘衬,粘

（五）缝制工艺

步骤一 衣身工段

1. 前片工艺

中心褶女衬衫前片缝制工艺如图1-2-8所示。

① 画腰省位:两前片一起画,注意对称性。

② 收省道:车缝省道,注意省道收尖且留 5 cm 左右线头用于打双结来锁住省尖,第一结稍放松,第二结略带紧,修剪线头留 0.5 cm 左右。

③ 扣烫省道:腰省缝向后中心扣倒;注意表面省缝线要拉直。

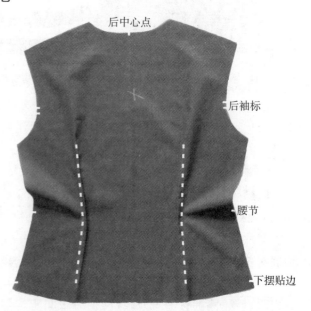

图 1-2-9 中心褶女衬衫后片缝制工艺

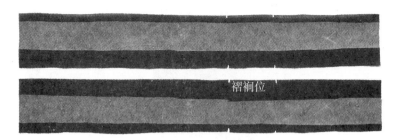

图 1-2-10　中心褶女衬衫门襟粘衬工艺

衬选用 20 g 左右无纺衬。

② 将门襟条对折宽度的一半贴上粘衬。

中心褶女衬衫门襟工艺如图 1-2-11 所示。

① 扣烫门襟条：将门襟条对折扣烫，粘衬的一面做成表面，表面一边缝头折进扣烫 1 cm。

② 前片中心抽细褶：前片中心抽褶位置的起始点之间用车缝线抽细褶，注意车缝的起始点位置应分别超出抽褶位置的起始点 3 cm 左右，以便能锁住抽好的细褶，将两刀眼之间的距离抽到与门襟对应刀眼位置对称，注意用于抽细褶车缝线的止口不应该超过 1 cm，一般控制 0.8 cm 为宜。

③ 刀眼对位：前衣片与门襟条分别表面相对，衣片刀眼和门襟刀眼对位。

图 1-2-11　中心褶女衬衫门襟工艺

中心褶女衬衫上门襟工艺如图 1-2-12 所示。

① 车缝一道：门襟条从里面与前片车缝一道 0.9 cm 止口。

② 盖缝一道：翻到表面，在门襟条扣烫好的止口边前片上盖缝一道，骑坑 0.1 cm 止口线，从里面看能绲住门襟条里面一边止口为宜。

③ 在门襟条另一边对称绲 0.1 cm 止口线。

4. 拷肩缝

中心褶女衬衫拷肩缝工艺如图 1-2-13 所示。

① 车缝一道：前后衣片表面相对、领圈相对、袖窿相对，从左肩缝车缝到右肩缝，注意起

图 1-2-12　中心褶女衬衫上门襟工艺

图 1-2-13　中心褶女衬衫拷肩缝工艺

止位置倒回针 3~4 针。

缝份 1

图 1-2-14　中心褶女衬衫勾袖头工艺

② 烫袖头(图 1-2-15)

将袖头从里面运返翻出表面,注意两端袖头方角要方正,可以借助镊子翻角或采用兜绲袖头两端缝份时在最角上一针埋入线头的方法;将两端方角整理方正,将两端止口充分翻出后整烫,两袖头对称烫平。

2. 开袖衩

① 烫袖衩(图 1-2-16):袖衩条采用 45°斜丝缕,宽度为 2.5 cm 的四分之一约 0.6 cm。先将袖衩条两边向内分别扣烫 0.6 cm,再对折扣烫一道,注意使上下两边形成大小边,下边吐出 0.1 cm 左右。

② 包缝一道:用三线包缝机包缝左右肩缝,两层一起包缝,前片朝上。

③ 扣烫肩缝:缝头向后倒。

步骤二　袖工段

1. 做袖头

① 勾袖头(图 1-2-14)

袖头有表里之分,表面一边烫 20 g 左右无纺粘衬,先将袖头表面缝份向内扣烫 1 cm,再将袖头沿长度方向表、里正面相对对折,兜绲袖头两端缝份 1 cm,然后将缝份修剪至 0.6 cm,左右两个袖头对称操作。

图 1-2-15　中心褶女衬衫烫袖头工艺

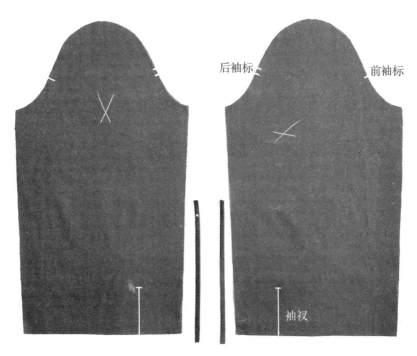

图 1-2-16　中心褶女衬衫烫袖衩工艺

剪开袖衩：按袖片样板画出袖开衩位并剪开袖开衩，开衩净长 7 cm。

② 做袖衩(图 1-2-17)：将剪开的袖衩边塞入袖衩条两边中间，从表面缉 0.1 cm 止口线，三层一起缉穿，注意缝到剪开的袖衩顶点转折时，中间一层袖片不要漏缉。

袖衩条封三角：将车缝好的袖衩条在袖衩顶部对折，从里面在对折处封三角，固定袖衩条。

整理袖衩：将大的袖口一边的袖衩条向内折转并车缝固定，再将大、小袖口边的袖衩条放平修剪齐。

3. 绱袖

中心褶女衬衫绱袖工艺如图 1-2-18 所示。

① 袖山预抽紧：比对袖山与袖窿弧线的长度，利用缝线将袖山弧线略抽紧，注意用于抽袖山的缝线不要超出 1 cm 缝份范围。

② 袖山、袖窿对位：前袖山与前袖窿的单刀眼对位，后袖山与后袖窿的双刀眼对位，袖山顶点刀眼与肩缝对位，注意两边袖子的对称性。

③ 车缝一道：袖山在上，袖窿在下，注意缝份控制均匀，防止袖窿拉伸。

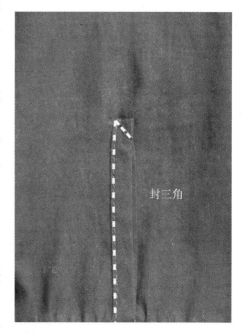

图 1-2-17　中心褶女衬衫做袖衩工艺

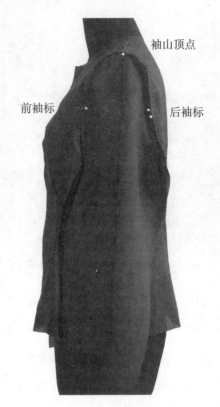

图 1-2-18 中心褶女衬衫上袖工艺

④ 包缝一道：用三线包缝机包缝上袖缝，两层一起包缝，衣身袖窿朝上。

⑤ 整理缝份：将缝份伸向袖窿一侧。

4. 拷摆缝

中心褶女衬衫拷摆缝工艺（图 1-2-19）。

图 1-2-19 中心褶女衬衫拷摆缝工艺

① 车缝一道：侧缝和袖缝连在一起车缝,止口 1 cm 控制均匀,袖窿底部十字缝对齐,袖窿缝份朝向袖子一侧。

② 包缝一道：用三线包缝机包缝摆缝,两层一起包缝,前片朝上。

5. 上袖头

（1）袖口抽细褶

中心褶女衬衫袖口抽细褶工艺如图 1－2－20 所示。

① 整理好袖衩,袖口大边的袖衩条向内折转,距离袖口边 0.8 cm 左右车缝一道,留线头用于抽细褶。

② 袖口抽细褶：拉住袖口缝线的其中一根线头将袖口布料抽成细褶,袖口一周细褶分布要均匀,将袖口大小抽成和袖头大小一样。

图 1－2－20 中心褶女衬衫
袖口抽细褶工艺

（2）装袖头

中心褶女衬衫装袖头工艺如图 1－2－21 所示。

① 袖头车缉一道：做好的袖头从里面与袖口边对齐,车缉一道 1 cm 止口线,注意袖头的两端与袖开衩的两端对齐。

② 袖头盖缉一道：将车缝好的袖头翻到表面,袖头扣烫好的止口边在袖片上骑坑0.1 cm盖缉一道止口线,并且绕袖头一周,注意止口不能反吐。

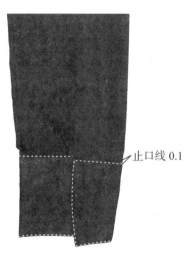

止口线 0.1

图 1－2－21 中心褶女衬衫
装袖头工艺

步骤三　领工段

1. 做领

（1）上领粘衬（图 1－2－22）

无纺粘衬：上领的领面用一层 20 g 无纺衬。

树脂衬：在领面上再粘净样树脂衬。

领面划净样：在领面的无纺衬上划净缝线。

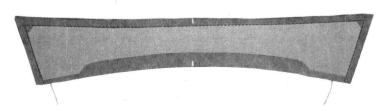

图 1－2－22 中心褶女衬衫上领粘衬工艺

（2）勾上领（图1-2-23）

将上领的领面、领里表面相对，沿净缝线三周勾缉1 cm，注意领角最尖一针埋入线头（辅助翻领角用），起止位置距离净缝线留出0.5 cm左右不缝（以便于上领时放入平缝机压脚边）。

止口线0.1

图1-2-23　中心褶女衬衫勾上领工艺

修剪缝份：两层一齐修剪至0.5 cm，领角处修剪至0.3 cm。

领面领里运返：将勾好的领子表面翻出，注意拉领角线头时不可用力过猛。

整烫领子：将勾领子三周的止口充分烫出烫匀。

（3）勾合上、下领（图1-2-24）

下领粘衬：下领的领面用一层20 g无纺粘衬，在领面上再粘净样树脂衬。

对位标记：在下领裁片上做好装领子三刀眼标记。

缝合上、下领：下领面在上，下领里在下，正面相对，将做好的上领领面朝上夹在两层下领中间，沿净缝线勾合上、下领。

图1-2-24　中心褶女衬衫勾合上、下领工艺

（4）扣烫缝份（图1-2-25）

将勾合上、下领的缝份向内扣烫。

图1-2-25　中心褶女衬衫勾合上、下领扣烫缝份工艺

（5）修、翻、烫领（图1-2-26）

修剪缝份，两圆头留0.3 cm，其余留0.5 cm，将两层下领运返并熨烫，然后修剪装领缝份至0.8 cm，定出对位记号，准备装领。

2. 绱领

（1）绱领准备工作（图1-2-27）

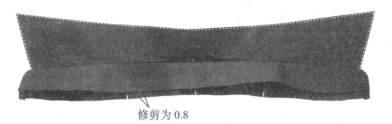

修剪为 0.8

图 1 - 2 - 26　中心褶女衬衫修、翻、烫领工艺

对位标记：做好领子、领圈的对位标记。

比对领子领圈的松紧程度，领子略紧于领圈为好。

图 1 - 2 - 27　中心褶女衬衫装领准备工作

（2）缐领车缝一道（图 1 - 2 - 28 ）

下领的领里与领圈表面相对车缝一道，领子在上，领圈在下，止口为 1 cm 控制均匀，注意控制领子三刀眼与领圈三刀眼的对位对齐。

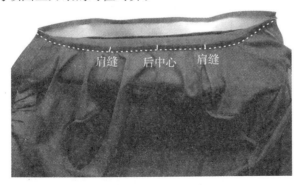

肩缝　　后中心　　肩缝

图 1 - 2 - 28　中心褶女衬衫装领车缝工艺

（3）缭领盖缉一道（图1-2-29）

装领盖缉一道：将下领领面的止口盖平第一道装领线，骑坑缉0.1 cm止口，注意装领三刀眼的对位。

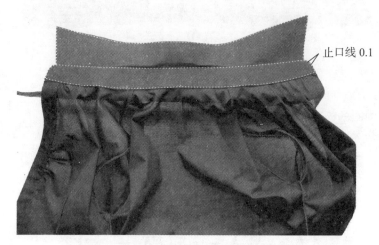

止口线0.1

图1-2-29　中心褶女衬衫装领盖缉工艺

步骤四　卷底边

中心褶女衬衫卷底边工艺如图1-2-30所示。

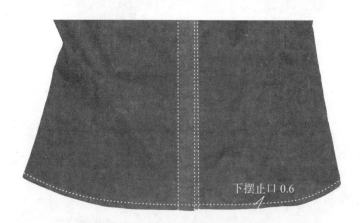

下摆止口0.6

图1-2-30　中心褶女衬衫卷底边工艺

① 扣烫下摆底边：第一道扣烫将下摆底边的0.6 cm缝份向内折光，第二道扣烫再将下摆底边的0.6 cm贴边向内折烫均匀。

② 缉下摆：沿0.6 cm折烫线骑坑缉0.1 cm止口线，从里面缉出表面，距离下摆止口0.6 cm。

五、任务评价

（一）评价方案

评价指标	评 价 标 准	评价依据	权重	得分
结构设计	A：号型规格表格式、内容正确，放松量设计合理；衣身结构合理，袖子与袖窿结构匹配，领子与领圈结构匹配，线条清楚，省道转移、纸样处理步骤正确； B：号型规格表格式、内容基本正确，放松量设计较合理；衣身结构基本合理，袖子与袖窿结构基本匹配，领子与领圈结构基本匹配，线条较清楚，省道转移、纸样处理步骤基本正确； C：号型规格表格式、内容欠缺，放松量设计欠合理；衣身结构欠合理，袖子与袖窿结构欠吻合，领子与领圈结构欠吻合，线条欠清楚，省道转移、纸样处理步骤欠妥当	成品号型规格表；1：1衣身制图；1：1袖子制图；1：1领子制图	20	
纸样设计与制作	A：前、后片纸样结构处理合理正确；纸样制作样板齐全，结构合理，标注清楚； B：前、后片纸样结构处理基本合理正确；纸样制作样板基本齐全，结构基本合理，标注基本清楚； C：不能正确进行前、后片纸样结构处理；不能正确合理地进行纸样制作	1：1衣身制图前、后片纸样结构处理；整套工业纸样	15	
样衣制作	A：能合理进行面辅料检验、整烫、整理；能根据操作正确性、便利性合理铺料；排料方法正确，裁片丝缕正确，最大限度地节省长度方向用料，裁剪顺序、方法合理，裁片丝缕、正反面正确，裁片与纸样吻合；衣身工段、袖工段、领工段、卷底边工艺方法正确，工艺符合质量要求；锁眼、钉扣位置合理，大小匹配； B：能基本合理进行面辅料检验、整烫、整理；铺布方式基本正确；排料方法基本正确，裁片丝缕基本正确，节省长度方向用料，裁剪顺序、方法较合理，裁片丝缕、正反面较正确，裁片与纸样较吻合；衣身工段、袖工段、领工段、卷底边工艺方法基本正确，工艺基本符合质量要求；锁眼、钉扣位置较合理，大小基本匹配； C：面辅料正反面不分，整烫不到位或没整烫；铺料欠平整，正反面不合理，布边不齐；排料顺序、方法欠合理，不能做到合理节省用料；裁剪顺序、方法欠合理，裁片丝缕、正反面欠正确，裁片与纸样欠吻合；衣身工段、袖工段、领工段、卷底边工艺方法欠正确，工艺质量要求有较大偏差；锁眼、钉扣位置欠合理，大小有较大偏差	衬衫面辅料；铺料操作；排料操作；面辅料裁剪；缝制工艺；锁眼钉扣	35	
课堂纪律	A：上课认真，态度端正； B：上课较认真，态度较端正； C：常有迟到、早退、缺课现象，不遵守课堂纪律	课堂表现	10	
学习习惯	A：上课准备充分，作业认真及时； B：上课准备较充分，作业基本认真及时； C：上课不准备，不能认真及时完成作业	课前及课后作业表现	10	

（续表）

评价指标	评 价 标 准	评价依据	权重	得分
岗位习惯	A：积极做好卫生工作，按规定进行操作； B：能做好卫生工作，基本按规定进行操作； C：不能做好卫生工作，不能按规定进行操作	课堂及课后表现	10	
总　分				

（二）样衣制作质量细则

中心褶女衬衫质量评分表

项目	序号	质 量 标 准	轻缺陷	扣分	重缺陷	扣分	严重缺陷	扣分
领 （25分）	1	领子平服，领面松紧适宜，不起皱	轻起皱		重起皱，反翘		严重起皱，反翘	
	2	领尖左右、长短一致	互差0.1 cm		互差0.2 cm		互差0.3 cm以上	
	3	领止口不反吐	轻反吐		重反吐		严重反吐	
	4	上领缉线顺直	互差＞0.1 cm		互差＞0.2 cm			
	5	上领无接线或跳针领角方正	轻不方正		重不方正			
	6	缉领无偏斜	偏斜0.5 cm		偏斜＞0.8 cm		偏斜＞1.0 cm	
	7	下盘头无探出	探出＞0.1 cm		探出＞0.2 cm		探出＞0.3 cm	
	8	下盘头对比互差＜0.1 cm	互差＞0.2 cm		互差＞0.3 cm			
	9	下盘头缉线圆顺	轻不圆顺		重不圆顺			
	10	底领不外露	轻外露		重外露			
门里襟 （15分）	11	门里襟长短一致	互差＞0.3 cm		互差＞0.4 cm		互差＞0.5 cm	
	12	门里襟挂面宽窄一致	互差＞0.3 cm		互差＞0.5 cm			
缉袖 （15分）	13	缉袖缉线宽窄一致	轻宽窄		重宽窄			
	14	缉袖圆顺、平滑	轻不圆顺轻皱		重不圆顺重皱			
袖头 （15分）	15	两袖头对称、方正	轻不对称方正		重不对称方正			
	16	袖头缉线顺直、无跳针	不顺直		重不顺直跳针两个			
	17	袖头无探出	一只探出		二只探出		严重探出	
	18	眼皮小于0.3 cm			眼皮＞0.3 cm			
	19	袖头不反吐止口	一只吐止口		二只吐止口		严重吐止口	

(续表)

项目	序号	质 量 标 准	轻缺陷	扣分	重缺陷	扣分	严重缺陷	扣分
袖衩 (10分)	20	袖衩平服,长短一致	互差> 0.5 cm		互差>0.7 cm			
	21	袖衩无毛出			一只毛出		二只毛出	
	22	袖口抽碎褶均匀	轻不均匀		重不均匀		做错工艺	
摆缝与 底边 (10分)	23	袖底缝、摆缝、松紧适宜	轻微起皱		重起皱		严重起皱	
	24	包缝阔窄一致	阔窄> 0.1 cm		阔窄>0.2 cm		阔窄> 0.3 cm	
	25	袖底十字裆对齐	错位> 0.3 cm		错位>0.5 cm			
	26	底边阔窄一致			阔窄>0.3 cm			
整洁 牢固 (10分)	27	领面起极光、有浮线			有			
	28	针距>12针/3 cm			针距<12针/ 3 cm			
	29	无断线或脱线	断线或脱 线>0.5 cm		断线或脱线< 2 cm			
	30	无污渍、线头	正面1根 反面2根		正面2根以 上,反面4根 以上			
		合　　计						

备注:
一、下列情况扣分标准:
　1. 凡各部位有开、脱线大于1 cm小于2 cm扣4分,大于2 cm以上扣8分,部位:_____

　2. 凡有丢工、错工各扣8分,部位:_____

　3. 严重油污在2 cm以上扣8分,部位:_____
_____

　4. 凡出现事故性质量问题、烫黄、破损、残破扣20分,部位:_____
_____

二、轻缺陷扣1分、重缺陷扣2分、严重缺陷扣3分。

| 考核
结果 | 质量:应得100分。扣_____分,实得_____分。 | 评分记录 | |

六、实训练习

（一）题目：按款式要求完成一款功能性褶裥类修身型女上装结构设计与工艺。

（二）要求：

1. 能抓住款式和材料特点进行款式结构分析；

2. 能合理进行结构设计；

3. 能合理进行纸样设计与制作；

4. 能参照衬衫质量要求进行样衣制作。

任务三 领口褶恤衫结构设计与工艺

一、任务目标

1. 以领口褶恤衫为例,掌握褶裥类恤衫的款式特点与结构特征。
2. 会制订褶裥类恤衫的号型规格表。
3. 会进行褶裥类恤衫的结构制图。
4. 会进行褶裥类恤衫的纸样设计与制作。
5. 以领口褶恤衫为例,会进行衬衫面辅料整理。
6. 以领口褶恤衫为例,掌握衬衫铺布、排料及裁剪工艺。
7. 掌握领口褶恤衫的衣身缝制工艺。
8. 掌握恤衫领贴缝制工艺。
9. 掌握恤衫袖窿斜条滚边缝制工艺。
10. 以领口褶恤衫为例,掌握无领无袖类恤衫工艺流程。

二、任务描述

　　以领口褶恤衫典型款式为例,引导学生进行款式特点分析,在此基础上进行褶裥类恤衫的结构特征分析;以现行国家标准的女子中间体为例,在其主要控制部位号型规格的基础上引导学生进行放松量设计,规范合理地制订成品号型规格表;围绕褶裥类恤衫省道结构原理与运用技巧,在成品号型规格表的基础上引导学生进行平面结构制图,并在此基础上进行纸样设计与纸样制作。

　　以领口褶恤衫典型款式为例,根据款式要求进行面辅料的配置与整理;根据制作完成的领口褶恤衫典型款式纸样,合理进行铺布、排料、裁剪工艺;依据衬衫工业化生产工艺流程及女衬衫相关技术要求,指导学生完成衣身工艺、领口工艺、袖口工艺,并在此基础上进一步完成后整理及成品质量检验工作。

三、相关知识点

1. 褶裥类恤衫的款式结构分析要点。
2. 褶裥类恤衫的放松量设计要点。
3. 成品号型规格表相关知识。
4. 褶裥类恤衫的衣身结构制图思路与步骤。

5. 领子结构、袖子结构与衣身结构的相关性。

6. 褶裥类恤衫前片、后片纸样设计原理与技巧。

7. 褶裥类恤衫纸样制作的相关知识。

8. 衬衫面辅料配置的相关性。

9. 衬衫面辅料整理要点。

10. 衬衫工业化生产工艺流程。

11. 女衬衫技术要求及质量检验标准。

12. 衬衫衣身、领口、袖口工艺的相关性。

四、任务实施

领口褶恤衫款式

面料：人造棉衬衫布

辅料：20 g 无纺衬

过程一　款式结构分析

肩宽小于自然全肩宽，称为肩部入肩，领子在前颈点、后颈点及侧颈点基础上进一步拉开，领圈大于头围，方便套头式穿脱，前领中心及后领中心分别放量形成褶裥，胸围放松量 6 cm，肩及胸部以上较贴身，腰围至下摆比较宽松，衣长至臀围线下 2 cm 左右，胸省都转移到领口前中心位置，胸省量转换成褶裥量。

过程二　结构设计

（一）成品号型规格设计

1. 号型规格表（单位：cm）

领口褶恤衫号型规格如下表所示：

号型	肩宽	胸围	腰围	摆围	后中长	袖长
160/84A	34	90	—	110	58	—

2. 放松量设计

肩宽小于自然全肩宽，每一边入肩 2 cm，胸围放松量 6 cm，腰部至下摆为宽松式结构，所以不控制腰围尺寸，衣长至臀围线附近，盖过臀围线 2 cm 左右，摆围线基本就是臀围线，摆围放松量 20 cm 左右。

（二）结构制图

步骤一　衣身结构制图要点（先后片再前片，如图 1-3-1 所示）

1. 后片结构

首先不要考虑入肩、后中心褶裥及领圈拉大等因素，按照基本开领及全肩宽进行后片结构制图：

① 后中心线：后中长 58 cm；

② 腰节线：背长＝38 cm；

③ 后横开领：净胸围/12＋1 cm＝8 cm；

（注：净胸围/12 为原型横开领，刚好位于女子中间体的侧颈点位置）

④ 后直开领：2.4 cm；

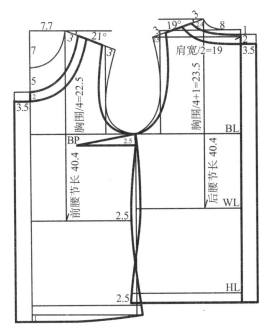

图1-3-1　领口褶恤衫基本结构图

⑤ 后片肩斜角度为19°；

⑥ 后片肩端点：肩宽/2＝19 cm；

⑦ 后片胸围线位置从侧颈点向下量：成衣胸围/4＋1 cm＝23.5 cm；

⑧ 后背宽线：肩端点进1.5 cm；

⑨ 后片胸围：成衣胸围/4 ＝22.5 cm。

然后在基本结构制图的基础上分别进行入肩、后中心褶裥及领圈拉大等结构处理：

① 肩端点沿着肩缝缩小3 cm，重新勾袖窿（与原袖窿成相似形）；

② 横开领沿着肩缝拉开3 cm，同时直开领向下拉1 cm左右；

③ 在后中心加放褶量的同时将下摆加放到相应的摆围大小，约3.5 cm左右。

2. 前片结构

首先不要考虑入肩、前中心褶裥及领圈拉大等因素，按照基本开领及全肩宽进行前片结构制图：

① 延长后片胸围线量前片胸围：成衣胸围/4 ＝22.5 cm，确定前中心线；

② 侧缝腋下位置预留胸省2.5 cm；

③ 在后片腰节线下降2.5 cm位置确定前片腰节线；

（注：出于腰节以上前后片侧缝长度相等的考虑）

④ 在后片衣长线下降2.5 cm位置确定前片衣长线；

（注：出于腰节以下前后片侧缝长度相等的考虑）

⑤ 依据前腰节长＝后腰节长（从后片侧颈点量到后腰节线），确定前片侧颈点高度；

（注：腰节长是从侧颈点垂直量到腰节线的距离）

⑥ 前横开领：后横开领－0.3 cm＝7.7 cm；

⑦ 前直开领：8 cm；

（注：当前直开领为 7 cm 左右，刚好位于女子中间体的前颈点位置）

⑧ 前片肩斜角度为 21°；

⑨ 前小肩＝后小肩；

（注：小肩是指衣片肩线的长度）

⑩ 前胸宽线：前胸宽＝后背宽－1 cm；

⑪ 胸高量：前中心向下加长 1～1.5 cm；

然后在基本结构制图的基础上分别进行入肩及领圈拉大等结构处理：

① 肩端点沿着肩缝缩小 3 cm，重新勾袖窿（与原袖窿成相似形）；

② 横开领沿着肩缝拉开 3 cm，同时直开领向下拉 5 cm 左右；

③ 在前中心加放褶量的同时将下摆加放到相应的摆围大小，约 3.5 cm 左右。

步骤二　吸腰量

① 前片侧缝收腰省 1 cm；

② 后片侧缝收腰省 1 cm。

步骤三　领圈

① 前领圈分割出领贴，领贴宽度 2 cm，领贴不包含褶裥，因此将褶裥降到领贴以下；

② 后领圈分割出领贴，领贴宽度 2 cm，领贴不包含褶裥，因此将褶裥降到领贴以下。

过程三　纸样设计与制作

（一）纸样处理

1. 前片纸样处理（图 1-3-2）

① 省道转移：采用纸样剪切法将预留的 2.5 cm 胸省转移至前领口中心位置，形成 2.5 cm 左右的领口省；该省量全部转换成前领中心褶裥；

② 修正轮廓线：修正前片领口轮廓线，修正前片侧缝轮廓线。

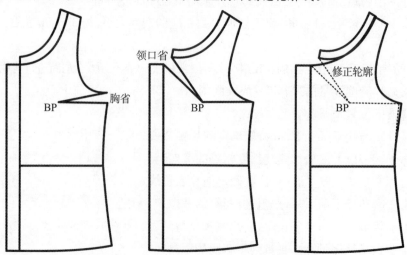

图 1-3-2　领口褶恤衫前片纸样处理

（二）纸样制作

1. 表布纸样制作（图 1-3-3）

① 前、后衣片下摆放缝 1.2 cm；

② 前、后袖窿放缝 0.6 cm；

③ 其余各部位放缝 1 cm；

④ 袖窿斜条：45°正斜丝缕，宽度 2.5 cm，长度＝前 AH＋后 AH；

⑤ 对位刀眼：

a. 前、后衣片领圈褶裥位置；

b. 前、后领贴居中位置；

c. 前、后衣片腰节位置。

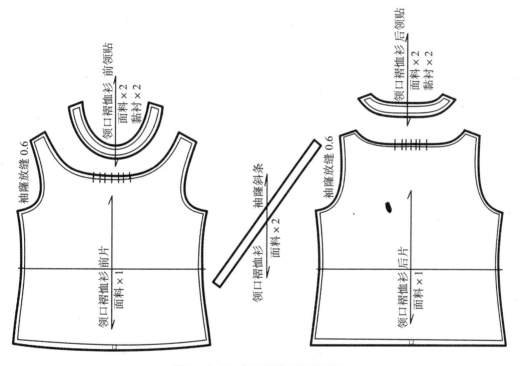

图 1-3-3　领口褶恤衫纸样制作

2. 净样板制作（图 1-3-4）

① 前领贴；

② 后领贴。

图 1-3-4　领口褶恤衫纸样制作

过程四 样衣制作

（一）面料整理

将面料正面相对，沿纬向对折，两布边对齐，在烫台上放平，将熨斗调到合适温度，打开蒸汽开关沿经纱方向来回按次序熨烫面料，注意控制熨斗对面料的压力不能太重，以不移动面料为宜，蒸汽熨斗缓慢移动，以确保面料每个部位都被蒸汽熨斗充分熨烫；蒸汽熨烫完毕后，将面料放平晾干。

（二）铺布

由于此款式主要裁片的数量多数为 1 片，因此此款式的铺料方式采用单层铺料，即将布料正面朝下，门幅展开摊平，经纱竖直，纬纱水平。布料两布边其中一边与裁剪桌的桌子边对齐，为方便排料与裁剪操作，将布边一侧靠近操作者身体一侧的桌子边，并且与桌子边平行，距离均为 3～5 cm，这样即可以把桌子边看成是面料经纱方向。

（三）样板排料

领口褶恤衫的单件排料如图 1-3-5 所示。

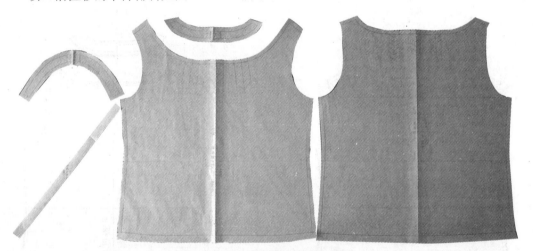

图 1-3-5 领口褶恤衫单件排料

① 布料门幅宽 140 cm；

② 排料方法：先大后小，先排前片和后片，后排领贴和袖窿斜条；丝缕摆正，每块样板的丝缕线与经纱方向保持一致；相邻裁片尽量紧挨着排料，领圈套领贴，节约用料尽量减少经纱方向的用料长度。

③ 面料用料：衣长。

（四）裁剪

领口褶恤衫单件裁片如图 1-3-6 所示。

1. 裁片数量（单位：片）

后片×1；前片×1；前领贴边×2；后领贴边×2；袖窿斜条×2。

2. 粘衬数量（单位：片）

前领贴边×2；后领贴边×2。

图1-3-6 领口褶恤衫单件裁片

3. 做好对位标记

打对位刀眼。

4. 做好裁片反面标记

用画衣粉轻轻在反面做上记号。

（五）缝制工艺

步骤一 衣身工段

1. 前片工艺

领口褶恤衫前片缝制工艺如图1-3-7所示。

固定褶裥：前片领口的褶裥从表面看是内工字褶，按照前片纸样上的褶裥示意图打褶裥，一边观察调整褶裥的走向和长短，一边用车缝固定褶裥缝份，注意保证褶裥外观的均衡对称。

2. 后片工艺

领口褶恤衫后片缝制工艺如图1-3-8所示。

固定褶裥：后片领口的褶裥从表面看也是内工字褶，参照前片领口的褶裥工艺固定褶裥。

3. 拷肩缝

领口褶恤衫拷肩缝工艺如图1-3-9所示。

① 车缝一道：前后衣片表面相对、领圈相对、袖窿相对，从左肩缝车缝到右肩缝，注意起止位置倒回针3～4针。

② 包缝一道：用三线包缝机包缝左右肩缝，两层一起包缝，前片朝上；

③ 扣烫肩缝：缝头向后倒。

**图1-3-7 腋下省女衬衫
前片缝制工艺**

图1-3-8 领口褶恤衫后片缝制工艺

图1-3-9 领口褶恤衫拷肩缝工艺

步骤二 领工段

1. 做领贴

① 粘衬：前后领贴表、里两层，都用一层20 g无纺衬。

图1-3-10 领口褶恤衫车缝领贴

② 车缝领贴（图1-3-10）：前、后领贴表面相对，车缝两边肩缝后用熨斗分缝。

③ 扣烫领贴（图1-3-11）：领贴有表层和里层之分，将表层领贴的外圈缝份向内扣烫1 cm，为了方便后道勾领贴工艺，此时可在领贴内圈的无纺衬上画上1 cm净缝线。

④ 勾领贴（图1-3-12）：首先将领面、领里两层领贴的表面相对，将表层领贴（已画好1 cm净缝线）朝上，沿领贴内层的净缝线整圈勾绱1 cm。

接着修剪勾领贴的内圈缝份，缝份修至0.5 cm，将表层、里层领贴运返，勾好的领贴表层翻出。

然后在里层领贴上沿勾领贴止口绱0.1 cm助止口线，绱穿里层领贴和里面的缝份，在表层领贴上看不见止口线，用熨斗将领圈止口整烫平服、圆顺；助止口线的作用

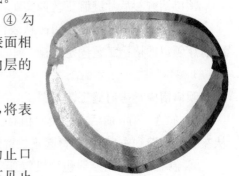

图1-3-11 领口褶恤衫领贴扣烫

是帮助里层布料向内翻、不向外反吐,有利于止口外观造型的整洁美观。

最后为了方便后道上领贴工艺,分别做好前中心、后中心、左肩缝、右肩缝四对刀眼标记。

2. 装领贴

① 上领贴(图1-3-13):将里层领贴的表面与衣身领圈的里面相对车缝一道,领贴在上,领圈在下,缝份为1 cm,控制均匀,注意前中心、后中心、两侧肩缝刀眼的对位。

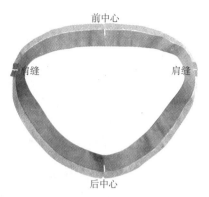

图1-3-12 领口褶恤衫勾领贴

图1-3-13 领口褶恤衫上领贴

② 盖领贴(图1-3-14):将前道上领贴的缝份修顺至0.6 cm并伸向领贴一边,将表层领贴扣烫好的止口盖平在前道缝份上,骑坑缉0.1 cm止口,注意前中心、后中心、两侧肩缝刀眼的对位。

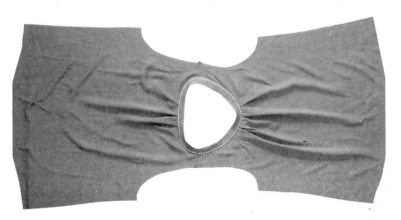

图1-3-14 领口褶恤衫盖领贴

步骤三 整合工段

1. 上袖窿斜条(图1-3-15)

① 将2.5 cm宽的袖窿斜条对折扣烫;

②将扣烫好的袖窿斜条与衣身袖窿表面毛边对齐车缝一道,袖窿斜条在上,衣身袖窿在下,缝份为 1 cm,控制均匀,注意袖窿斜条不要拉太紧,然后将缝份翻向衣身一边。

图 1-3-15　领口褶恤衫上袖窿斜条

2. 拷摆缝(图 1-3-16)

①绱摆缝:侧缝和袖窿斜条连在一起车缝,止口为 1 cm,控制均匀,上下两层袖窿斜条对齐,袖窿缝份朝向衣身一侧。

②拷摆缝:用三线包缝机包缝摆缝,两层一起包缝,前片朝上。

3. 绱袖窿斜条(图 1-3-17)

①整理袖窿止口:将袖窿斜条翻进袖窿里面,用熨斗整烫袖窿止口,将袖窿止口整理饱满圆顺,注意操作过程中不要将止口烫死。

②绱袖窿止口:绱袖窿止口,从袖窿里面袖窿斜条的止口边骑坑 0.1 cm 绱线,从袖窿里面绱出表面来,这样袖窿表面的明止口线约 0.5 cm 左右,注意控制止口宽度均匀,还要注意将袖窿底部的包缝线迹折进包光。

图 1-3-16　领口褶恤衫拷摆缝

4. 卷底边(图 1-3-18)

①扣烫下摆:分两道扣烫下摆贴边,第一道扣烫将 0.6 cm 缝份向内折光,第二道扣烫将 0.6 cm 贴边向内折烫均匀。

②绱下摆:从衣身里面沿 0.6 cm 折烫线骑坑绱 0.1 cm 止口线,从衣身里面绱出表面来,这样衣身下摆表面的明止口线约 0.5 cm 左右,注意控制止口宽度均匀。

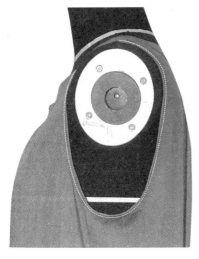

图 1-3-17 领口褶恤衫缉袖窿斜条

图 1-3-18 领口褶恤衫卷底边

五、任务评价

（一）评价方案

评价指标	评 价 标 准	评价依据	权重	得分
结构设计	A：成品号型规格表格式、内容正确，放松量设计合理；衣身结构制图步骤正确，领贴与衣身领圈结构匹配，结构合理、线条清楚； B：成品号型规格表格式、内容基本正确，放松量设计较合理；衣身结构制图步骤基本正确，领贴与衣身领圈结构基本匹配，结构基本合理、线条较清楚； C：成品号型规格表格式、内容欠缺，放松量设计欠合理；衣身结构制图步骤欠正确，领贴与衣身领圈结构欠吻合，结构欠合理、线条欠清楚	成品号型规格表；1∶1衣身制图	20	
纸样设计与制作	A：前片纸样结构处理合理正确；纸样制作齐全，结构合理，标注清楚； B：前片纸样结构处理基本合理正确；纸样制作基本齐全，结构基本合理，标注基本清楚； C：不能正确进行前片纸样结构处理；不能正确合理地进行纸样制作	前片纸样结构处理；整套工业纸样	15	

评价指标	评 价 标 准	评价依据	权重	得分
样衣制作	A：能合理进行面辅料检验、整烫、整理；能根据操作正确性、便利性合理铺料；排料方法正确，裁片丝缕正确，最大限度节省长度方向用料；裁剪顺序、方法合理，裁片丝缕、正反面正确，裁片与纸样吻合；衣身工段、领工段、整合工段工艺方法正确，工艺符合质量要求；锁眼、钉扣位置合理，大小匹配； B：能基本合理进行面辅料检验、整烫、整理；铺布方式基本正确；排料方法基本正确，裁片丝缕基本正确，节省长度方向用料；裁剪顺序、方法较合理，裁片丝缕、正反面较正确，裁片与纸样较吻合；衣身工段、领工段、整合工段工艺方法基本正确，工艺基本符合质量要求；锁眼、钉扣位置较合理，大小基本匹配； C：面辅料正、反面不分，整烫不到位或没整烫，铺料欠平整，正、反面不合理，布边不齐；排料顺序、方法欠合理，不能做到合理节省用料；裁剪顺序、方法欠合理，裁片丝缕、正、反面欠正确，裁片与纸样欠吻合；衣身工段、领工段、整合工段工艺方法欠正确，工艺质量要求有较大偏差；锁眼、钉扣位置欠合理，大小有较大偏差	衬衫面辅料；铺料操作；排料操作；面辅料裁剪；缝制工艺	35	
课堂纪律	A：上课认真，态度端正； B：上课较认真，态度较端正； C：常有迟到、早退、缺课现象，不遵守课堂纪律	课堂表现	10	
学习习惯	A：上课准备充分，作业认真及时； B：上课准备较充分，作业基本认真及时； C：上课不准备，不能认真及时完成作业	课前及课后作业表现	10	
岗位习惯	A：积极做好卫生工作，按规定进行操作； B：能做好卫生工作，基本按规定进行操作； C：不能做好卫生工作，不能按规定进行操作	课堂及课后表现	10	
总 分				

（二）样衣制作质量细则

领口褶恤衫质量评分表

项目	序号	质 量 标 准	轻缺陷	扣分	重缺陷	扣分	严重缺陷	扣分
领 （30分）	1	领贴平服，表里松紧适宜，不起皱	轻起皱		重起皱		严重起皱	
	2	领止口不反吐	轻反吐		重反吐		严重反吐	
	3	领贴宽窄均匀	互差＞0.2 cm		互差＞0.3 cm			
	4	缉领贴对位准确、无偏斜	偏斜0.5 cm		偏斜＞0.8 cm		偏斜＞1.0 cm	
	5	缉领车缝均匀	轻不均匀		重不均匀		严重不匀	
	6	缉领盖缉线顺直	轻不顺直		重不顺直		严重不顺	
	7	缉领线骑坑、无接线或跳针	1处接线		2处接线跳针		缉线掉坑	
褶裥 （20分）	8	褶裥位置对称	互差＞0.3 cm		互差＞0.4 cm		互差＞0.5 cm	
	9	褶裥长短均衡对称	轻不对称		重不对称		严重不对称	
袖窿 （25分）	10	袖窿斜条缉线宽窄均匀	轻宽窄		重宽窄			
	11	袖窿止口不反吐	轻反吐		重反吐		严重反吐	
摆缝与 底边 （15分）	12	摆缝松紧适宜	轻微起皱		重起皱		严重起皱	
	13	摆缝长短一致	阔窄＞0.1 cm		阔窄＞0.2 cm		阔窄＞0.3 cm	
	14	底边宽窄一致			宽窄＞0.3 cm			
整洁 牢固 （10分）	15	表面起极光、有浮线			有			
	16	针距＞12针/3 cm			针距＜12针/3 cm			
	17	无断线或脱线	断线或脱线＞0.5 cm		断线或脱线＜2 cm			
	18	无污渍、线头	正面1根反面2根		正面2根以上，反面4根以上			
合　计								

备注：
一、下列情况扣分标准：
1. 凡各部位有开、脱线大于1 cm小于2 cm扣4分，大于2 cm以上扣8分，部位：＿＿＿＿＿＿＿
2. 凡有丢工、错工各扣8分，部位：＿＿＿＿＿＿＿
3. 严重油污在2 cm以上扣8分，部位：＿＿＿＿＿＿＿
4. 凡出现事故性质量问题、烫黄、破损、残破扣20分，部位：＿＿＿＿＿＿＿

二、轻缺陷扣1分、重缺陷扣2分、严重缺陷扣3分。

考核结果	质量：应得100分。扣＿＿＿＿＿分，实得＿＿＿＿＿分。	评分记录	

六、实训练习

（一）题目：按款式要求完成一款褶裥类恤衫结构设计与工艺。

（二）要求：

1. 能抓住款式和材料特点进行款式结构分析；
2. 能合理进行结构设计；
3. 能合理进行纸样设计与制作；
4. 能参照质量要求进行样衣制作。

任务四　收省女马甲结构设计与工艺

一、任务目标

1. 以收省女马甲为例,掌握修身型女马甲的款式特点与结构特征。
2. 会制订修身型女马甲的号型规格表。
3. 会进行修身型女马甲的结构制图。
4. 会进行修身型女马甲的纸样设计与制作。
5. 以收省女马甲为例,会进行马甲面辅料整理。
6. 以收省女马甲为例,掌握马甲铺布、排料及裁剪工艺。
7. 掌握马甲类女上装表布的缝制工艺。
8. 掌握马甲类女上装里布的缝制工艺。
9. 掌握马甲类女上装的表、里勾合工艺。
10. 以收省女马甲为例,掌握女马甲工艺流程。

二、任务描述

以收省女马甲典型款式为例,引导学生进行款式特点分析,在此基础上进行修身型女马甲的结构特征分析;以现行国家标准的女子中间体为例,在其主要控制部位号型规格的基础上引导学生进行放松量设计,规范合理地制订成品号型规格表;围绕修身型女马甲省道结构原理与运用技巧,在成品号型规格表的基础上引导学生进行平面结构制图,并在此基础上进行纸样设计与纸样制作。

以收省女马甲典型款式为例,根据款式要求进行面辅料的配置与整理;根据制作完成的收省女马甲典型款式纸样,合理进行铺布、排料、裁剪工艺;依据女马甲工业化生产工艺流程及女马甲质量技术要求,指导学生完成面料工艺、里料工艺及面、里整合工艺,并在此基础上进一步完成后整理、锁眼钉扣及成品质量检验工作。

三、相关知识点

1. 修身型女马甲的款式结构分析要点。
2. 修身型女马甲的放松量设计要点。
3. 成品号型规格表相关知识。

4. 修身型女马甲的衣身结构制图思路与步骤。

5. 修身型女马甲前片、后片纸样设计原理与技巧。

6. 修身型女马甲纸样制作的相关知识。

7. 马甲面辅料配置的相关性。

8. 马甲面辅料整理要点。

9. 女马甲工业化生产工艺流程。

10. 女马甲质量技术要求。

11. 马甲面料、里料以及面、里整合工艺的相关性。

四、任务实施

84

收省女马甲款式

面料：斜纹花呢

辅料：20 g 无纺衬

1.2 cm 直径衬衫钮扣

过程一　款式结构分析

衣身结构从前中心到后中心共有两片，即前片和后片，故称为两开身衣身结构；后片长至腰节下 8 至 10 cm，前片有腰省进行突出胸部和吸腰造型，因此要考虑将胸省转移到腰省，侧缝及后片有腰省进行吸腰造型，因此衣身为修身型；考虑马甲与衬衫、恤衫搭配时通常穿着在外层，因此马甲的袖窿深取较大为好；"V"形无领结构，门襟四到六粒小号钮扣，门襟下摆斜角分叉，前片比后片长 8 至 10 cm；摆围线在臀围线以上，通过控制臀围基本放松量来控制摆围大小；配里布，领圈、门襟、袖窿止口表里返，因此配挂面、领贴及袖窿贴。

过程二　结构设计

（一）成品号型规格设计

1. 号型规格表（单位：cm）

收省女马甲成品号型规格如下表所示：

号型	肩宽	胸围	腰围	臀围	后中长
160/84A	33	92	78	94	45

2. 放松量设计

肩宽小于自然全肩宽，左右两边分别入肩 2.5 cm，胸围放松量 6 cm，胸腰差 14 cm，衣长后中心盖过腰节线 8 至 10 cm，门襟下摆斜角在后衣长的基础上再加长 8 至 10 cm，臀围基本放松量 4 cm。

（二）结构制图

衣身结构制图要点（先后片再前片），如图 1 - 4 - 1 所示。

1. 后片结构

① 后中心线：从后中长 56 cm 臀围线位置向上截取到后中长 45 cm；

② 腰节线：背长 38 cm；

54

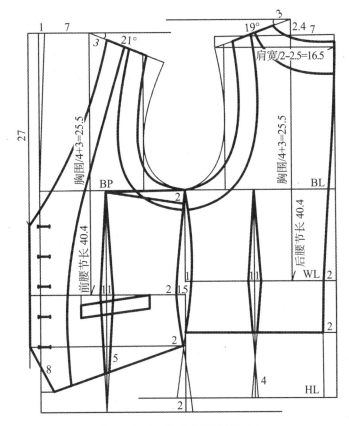

图 1-4-1 收省女马甲结构图

③ 后横开领：净胸围/12+3 cm＝10 cm；

（注：净胸围/12 为原型横开领,刚好位于女子中间体的侧颈点位置）

④ 后直开领：2.4 cm；

⑤ 后片肩斜角度：19°；

⑥ 后片肩端点：肩宽/2－2.5 cm＝16.5 cm；

⑦ 后片胸围线位置从侧颈点向下量：成衣胸围/4+3 cm＝25.5 cm；

⑧ 后背宽线：肩端点进 0.5 cm；

⑨ 后片胸围：成衣胸围/4＝23 cm；

⑩ 后片臀围：成衣臀围/4＝23.5 cm。

2. 前片结构

① 延长后片胸围线量前片胸围：成衣胸围/4＝23 cm,确定前中心线；

② 侧缝腋下位置预留胸省 2 cm；

③ 在后片腰节线下降 2 cm 位置确定前片腰节线；

（注：出于腰节以上前后片侧缝长度相等的考虑）

④ 在后片衣长线下降 2 cm 位置确定前片衣长线；

（注：出于腰节以下前后片侧缝长度相等的考虑）

⑤ 依据前腰节长＝后腰节长(从后片侧颈点量到后腰节线),确定前片侧颈点高度;

(注:腰节长是从侧颈点垂直量到腰节线的距离)

⑥ 前横开领:后横开领＋1 cm(撇胸量)＝11 cm;

⑦ 前直开领:27 cm(按照款式大比例取前衣长的1/2左右);

⑧ 前片肩斜角度:21°;

⑨ 前小肩:量取后小肩长度,再加1 cm;

(注:小肩是指衣片肩线的长度)

⑩ 前胸宽线:前胸宽＝后背宽－1 cm;

⑪ 门襟下摆斜角:前中心向下加长8 cm。

3. 吸腰量

① 后片腰省2 cm(腰节线省道两边距离均衡),省尖上至胸围线、下至距离臀围线3～4 cm位置;

② 后中心收腰2 cm,向下收到臀围线2 cm,向上到距离后颈点7 cm收尖;

③ 前片腰省2 cm(腰节线省道两边距离均衡),省尖上至距离BP点3 cm位置、下至距离臀围线5～6 cm位置;

④ 前侧缝腰省1.5 cm,后侧缝腰省1 cm。

4. 领圈与袖窿

① 肩缝拼合后前后领圈能顺利过渡;

② 肩缝拼合后前后袖窿能顺利过渡。

过程三　纸样设计与制作

(一) 纸样处理

1. 前片纸样处理(图1-4-2)

采用纸样剪切法将腋下位置预留的2 cm胸省转移到胸腰省位置,省道转移具体可分三步操作:

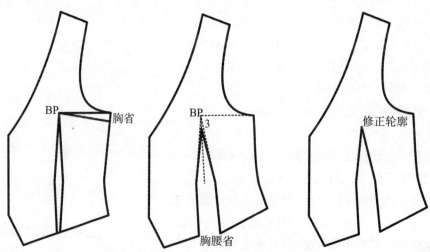

图1-4-2　收省女马甲前片纸样处理

① 胸省原来在腋下位置,希望将它转移到新位置(即胸腰省位置且与原来的胸腰省量合二为一),将省道转移前和省道转移后的省道位置通过 BP 点使之相连。

② 由于前片的胸腰省向下一直延续到下摆,因此可以从下摆位置开始将胸腰省一边剪开,然后将腋下胸省的省道两边折叠闭合掉,剪开的胸腰省就被拉开。

③ 修正纸样轮廓线:注意修正拉开以后胸腰省的省道两边,使省道两边长度相等。

省尖位置从 BP 点下降 3 cm。

2. 后片纸样处理(图 1-4-3)

① 肩部纵向剪切后拉开 1 cm,肩宽回到正常位置。

② 袖窿处横向剪切后重叠 0.5 cm 左右,袖窿弧线缩短,减少背部袖窿富余量。

③ 后背中心横向剪切后重叠 0.2 cm 左右,后中长在背部略缩短,减少后中心背部富余量。

④ 修正肩缝、袖窿、后中心轮廓线。

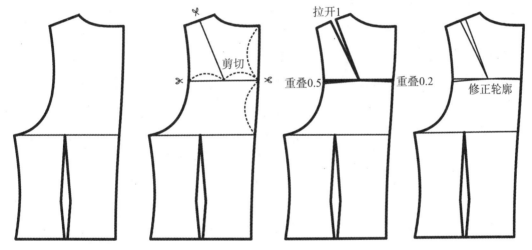

图 1-4-3　收省女马甲后片纸样处理

(二) 纸样制作

1. 表布纸样制作(图 1-4-4)

① 后衣片下摆贴边放缝 3.5 cm。

② 前衣片由于斜下摆另配贴边,因此前衣片下摆放缝 1 cm。

③ 其余各部位放缝 1 cm。

④ 面料对位刀眼:

a. 前、后衣身腰节位置。

b. 领圈对位:前片领圈与挂面领圈居中对位刀眼;后领贴与后片领中对位刀眼。

c. 前袖窿贴与前袖窿对位居中单刀眼。

d. 后袖窿贴与后袖窿对位居中双刀眼。

⑤ 与里料对位刀眼：

a. 挂面与里料腰节位置的对位刀眼。

b. 后领贴与里布后片领中对位刀眼。

c. 前袖窿贴与里料前袖窿对位居中单刀眼。

d. 后袖窿贴与里料后袖窿对位居中双刀眼。

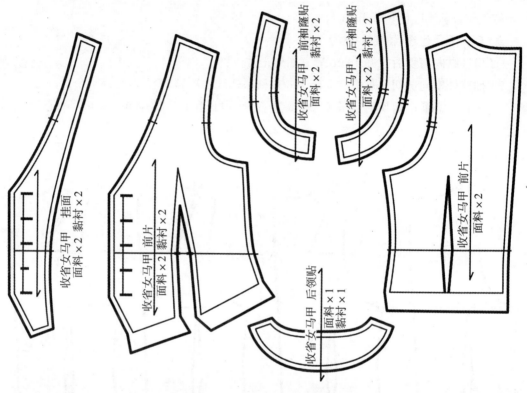

图 1-4-4　收省女马甲表布纸样制作

2. 里布纸样制作(图 1-4-5)

① 里布前片的胸省仍然保留在腋下，位置移到袖窿贴以下 1.5 cm，省尖从 BP 点缩短 3 cm；胸腰省位置不变，省尖从 BP 点缩短 3 cm。

② 各部位放缝 1 cm。

③ 对位刀眼：

a. 前、后衣身腰节位置。

b. 前袖窿与前袖窿贴对位居中单刀眼。

c. 后袖窿与后袖窿贴对位居中双刀眼。

3. 净样板制作(图 1-4-6)

① 前片。

② 袋板。

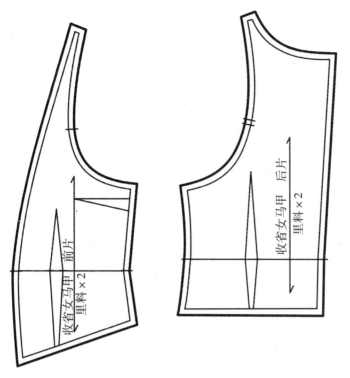

图 1-4-5 收省女马甲里布纸样制作

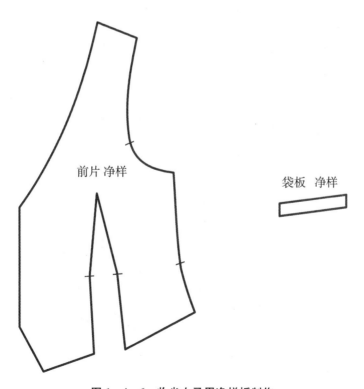

图 1-4-6 收省女马甲净样板制作

过程四　样衣制作

（一）面料整理

将面料门幅居中对折，正面相对，两布边对齐，在烫台上放平，将熨斗调到合适温度，打开蒸汽开关沿经纱方向来回按次序熨烫面料，注意控制熨斗对面料的压力不能太重，以不移动面料为宜，蒸汽熨斗缓慢移动，以确保面料每个部位都被蒸汽熨斗充分熨烫；蒸汽熨斗烫完后，将面料放平晾干。

（二）铺布

将面料门幅居中对折双层铺料，正面相对，布边对齐，为方便排料与裁剪操作，将布边一侧靠近操作者身体一侧的桌子边，并且与桌子边平行，距离均为 3～5 cm，这样即可以把桌子边看成是面料经纱方向。

（三）样板排料

1. 面料排料

收省女马甲面料的单件排料如图 1-4-7 所示。

图 1-4-7　收省女马甲表布样板排料

① 面料门幅宽 140 cm。

② 铺布方式：面料门幅居中对折双层铺料，面料正面与正面相对。

③ 排料方法：

a. 先大后小：前片、后片、挂面等面积大的先排，袖窿贴、领贴等面积小的找空档穿插。

b. 保证裁片数量。

c. 保证样板丝缕线与面料经纱方向一致。

d. 尽量保证裁片顺向一致。

e. 为避免经向色差，相邻裁片尽量在同一纬线方向排开。

④ 控制面料长度方向用料，收省女马甲用料长度为表布衣长。

2. 里料排料

收省女马甲里料的单件排料如图 1-4-8 所示。

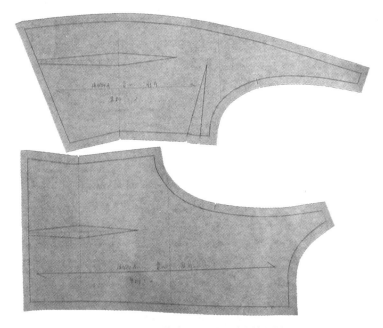

图 1-4-8　收省女马甲里布样板排料

① 里料门幅宽 140 cm。

② 铺布方式：面料门幅居中对折双层铺料，里料正面与正面相对。

③ 排料方法：

a. 里料样板只有前片和后片，因此将它们侧缝相对在同一纬线方向排开。

b. 保证裁片数量。

c. 保证样板丝缕线与面料经纱方向一致。

d. 保证裁片顺向一致。

④ 控制里料长度方向用料，收省女马甲用料长度为里布衣长。

（四）裁剪

收省女马甲单件裁片如图 1-4-9 所示。

图1-4-9 收省女马甲单件裁片

1. 裁片数量（单位：片）

后片×2,注意对称性;前片×2,注意对称性;挂面×2,注意对称性;领贴×1;前袖窿贴×2,注意对称性;后袖窿贴×2,注意对称性。

2. 粘衬数量（单位：片）

挂面×2;前片×2;前袖窿贴×2;后袖窿贴×2;后领贴×1。

3. 做好对位标记

裁片轮廓边缘打对位刀眼。

裁片轮廓内部点省位及袋位,采用打线钉手法有利于保证对称性。

4. 做好裁片反面标记

用画衣粉轻轻在反面做上记号。

（五）缝制工艺

步骤一　表布工段

1. 衣身粘衬、收省、小烫工艺

收省女马甲粘衬、收省、小烫工艺如图1-4-10所示。

图1-4-10 收省女马甲粘衬、收省、小烫工艺

① 前片粘衬：前片整片烫上布衬。

② 后片粘衬：后袖窿、领圈烫 1 cm 的直牵带布衬，注意牵带略紧起到固定袖窿丝缕的作用；后片下摆贴边烫 5 cm 斜丝缕布衬。

③ 画省位：对称裁片两对称位置一起画，注意对称性。

④ 收省：前片、后片分别车缝省道，注意省道收尖且留 5 cm 左右线头用于打双结来锁住省尖，第一结稍放松，第二结略带紧，修剪线头留 0.5 cm 左右；前片省缝自下向上剪开，留 4 cm 左右不剪开。

⑤ 烫省：将前片省道剪开部分分缝烫开，不剪开部分倒向侧缝，注意省尖烫正、烫实；后片省道倒向后中心，注意省尖烫正、烫实；从表面看省缝要求烫直。

⑥ 归拔整理：将前片收省、腰节部位拔开，省尖部位拔开，领圈、袖窿部位略归拢，门襟、肩缝拉直；将后片收省、腰节部位拔开，省尖部位略拔开，领圈、肩缝、袖窿部位归拢。

⑦ 扣烫下摆贴边：将前片、后片下摆贴边折起 3.5 cm 扣烫。

2. 前片开袋工艺

（1）开袋准备（图 1 - 4 - 11）

① 画袋位：用袋板净样板根据袋位在前片表面上画袋位粉印，注意左右对称，要左右前片一起画。

② 扣烫袋板：先用袋板净样板裁配袋板布，然后将袋板布烫粘衬（树脂净衬）；然后用袋板净样板扣烫出袋板，左右袋板一起扣烫，注意袋角棱角分明及对称性。

③ 袋布：大袋布用面料裁配，小袋布用里料裁配。

（2）车缝袋板（图 1 - 4 - 12）

① 车缝袋板：将扣烫好的袋板按画好的袋位车缝到衣身袋板部位，注意车缝起始点和画袋位线一致，倒回针 3～4 针，使袋角牢固。

② 车缝大袋布：按车缝袋板的要求将大袋布

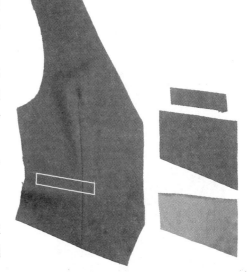

图 1 - 4 - 11　收省女马甲开袋准备

车缝到衣身袋贴部位，注意车缝的起始点控制准确，和画袋位线一致。

③ 车缝袋板和车缝大袋布的这两道线是两条平行的直线，且两条平行线之间的距离小于等于袋板宽度，注意检查车缝线是否直，两道线是否平行，并注意及时修正。

（3）开袋、剪三角（图 1 - 4 - 13）

① 开袋口：翻到前片里面，从两道车缝线中间开始剪开，剪开线与两道车缝线平行且居中。

② 剪三角：接着前道工序从中间向两边开袋口时，当开到距离袋角约 1.5 cm 时应停止，开始冲着两道平行线的起始点剪三角，将开袋口两端剪成"Y"形，注意剪透衣身布料，但

不要将两道平行线起始点的车缝线剪断,以免袋口脱散。

③ 车缝小袋布:骑着车缝袋板的线迹,从袋板内侧将小袋布与袋板车缝在一起,注意小袋布两边的缝份预留均匀(兜缉袋布用)。

图1-4-12 收省女马甲车缝袋板

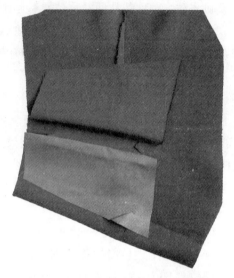

图1-4-13 收省女马甲开袋、剪三角

图1-4-14 收省女马甲兜缉袋布

(4) 兜缉袋布(图1-4-14)

① 烫开缝份、整理袋板:开袋、剪三角后,从里面将车缝大袋布的缝份用熨斗分开烫平;整理好里面的缝份和袋板,翻到表面将袋板的形状用熨斗整烫好。

② 兜缉大、小袋布:保持袋板平整,翻到里面将大、小袋布的边缘尽量对齐,从袋角的一边开始兜缉袋布,经过袋布底部,又回到袋角的另一边;注意缉袋布底部的时候要翻到表面看一下袋口是否闭合平整,不要因为大、小袋布深度、松紧不合适而导致袋口豁口;还要注意车缝起始位置倒回针,使袋布兜缉牢固。

③ 固定缝份:为防止兜缉好的袋布从袋口翻出来,应在袋布底部将袋布缝份与前片省道的缝份之间固定,用手针缝三角针2~3针,注意手缝时线不能抽太紧;为防止大袋布一边分开烫平的衣身缝份向下翻,应用手缝三角针将分开烫平的衣身缝份固定在衣身粘衬上,同样要注意线不能抽太紧,避免表面出现针迹影响外观质量。

(5) 封袋板(图1-4-15)

① 长针线固定袋板:整理好袋板与衣身的位置,用长针距(可将针码调到4~5之间)的缝线固定袋板的两边袋角位置,缝线距袋角止口0.8 cm左右,既要使袋板的位置合适,又要

使袋口与衣身布料的松紧关系合适,袋口平整。

②袋角暗拱针:用长 9# 手缝针穿本色线,从里面开始用暗拱针固定袋角止口,暗拱针针距约为 0.3 cm,距离止口边约为 0.1 cm。

③封袋口:为防止在后续工艺操作中袋口拉开造成的不便,用三角针法将整个袋口缝住,三角针针距约为 0.6 cm;三角针线和前道工序的长针线一样,当成衣工艺基本完成后,在合适的时候可以将它们去除。

3. 表布拷肩缝

①拼肩缝:将前、后衣片表面相对,前片在上,后片在下,依次拼合左肩缝、右肩缝,注意后片肩缝有适当的吃势。

②分烫肩缝:将拼肩缝的缝份在烫墩上分开烫平。

图 1-4-15　收省女马甲封袋板

自此,表布工段的操作暂告一个段落,为防止面料起皱,做好的表布衣身应该用衣架挂起。

步骤二　里布工段

1. 前片、后片里布工艺(图 1-4-16)

①画省位:将对称裁片的两对称位置一起画,注意对称性。

②收省:将前片、后片分别车缝省道,注意省尖部位收直,为防止省尖脱散,必须倒回针 3~4 针。

③烫省:将后片腰省省缝倒向后中心;前片腰省省缝倒向侧缝;腋下胸省省缝向下倒。

④前片拼挂面:将挂面在上、前片里布在下,上下两头位置对齐,腰节刀眼位置对齐,将挂面和前片里布均匀地缝合在一起;为了挂面底角工序的操作方便,注意挂面底部预留 2.5 cm 不车缝。

⑤后片拼领贴:先拼合后中缝,注意腰节刀眼对齐、上下对齐,缝份倒向任意一侧;将领贴在上、后领圈里布在下,两头位置对齐,居中刀眼位置对齐,再将领贴和后领圈里布均匀地缝合在一起。

⑥拼袖窿贴:分别拼合前袖窿贴与前袖窿里布、后袖窿贴与后袖窿里布,拼合次序为袖窿贴在上、袖窿里布在下,起始两头位置对齐,袖窿贴与袖窿里布的居中刀眼对齐,将袖窿贴和袖窿里布均匀地缝合在一起。

2. 里布拷肩缝

①拼肩缝:将里布前、后衣片的表面相对,前片在上,后片在下,依次拼合左肩缝、右肩缝,将前片里布拼挂面的缝份倒向侧缝;注意后片肩缝有适当的吃势量,控制均匀。

图 1－4－16　收省女马甲前片、后片里布工艺

② 分烫肩缝：将拼肩缝的缝份在烫墩上分开烫平。

自此，里布工段的操作暂告一个段落，为防止面料起皱，做好的里布衣身也应该用衣架挂起。

图 1－4－17　收省女马甲勾合勾合袖窿、门襟、领圈

步骤三　表、里勾合工段

1. 勾合袖窿、门襟、领圈

收省女马甲勾合袖窿、门襟、领圈工艺如图 1－4－17 所示。

① 勾袖窿：将做好的衣身表布与衣身里布表面相对，袖窿对齐，里布袖窿在上、表布袖窿在下；起始两头位置对齐，里布袖窿贴与表布袖窿的居中刀眼对齐，将里布袖窿贴和表布袖窿均匀地缝合在一起。

② 勾门襟、领圈：将衣身表布与衣身里布表面相对，门襟、领圈对齐，里布挂面、领贴在上，表布门襟、领圈在下；将挂面摆角与前片摆角位置对齐，从挂面底部开始勾合门襟、袖窿，里布与表布左右肩缝对齐，里布领贴后中心刀眼与表布后中缝对齐，再将里布的门襟、领圈和表布的门襟、领圈均匀地缝合在一起；为防止成衣后挂面底角有毛边外露，通常在勾合前把挂面底角毛边先折进 0.5 cm 左右，如图 1－4－18 所示，这样挂面底角就被折光了。

2. 修烫止口（图 1－4－19）

① 修止口：从成衣外观质量要求的角度出发，袖窿、门襟、领圈止口要求做得轻薄、平整，因此要将勾合袖窿、门襟、领圈的缝份修剪到 0.5 cm 左右。

② 烫止口：为了有利于止口运返以后不反吐，修剪好止口以后齐着缝线将止口绊倒在衣身里布一边（袖窿部位倒向袖窿贴、门襟部位倒向挂面、领圈部位倒向领贴），用熨斗扣烫均匀，这样定型好的止口就很容易运返；必要时还可以在衣身里布一边缉 0.1 cm 助止口线，不缉穿表布，只将衣身里布一边与里面的缝份缉牢，有利于止口定型。

图 1－4－18　收省女马甲表、里勾合挂面底角折光

图 1－4－19　收省女马甲修烫止口

3. 翻烫止口（图 1－4－20）

① 止口运返：从衣服后片下摆伸手通过左肩缝将左前片从左肩缝拉出，从衣服后片下摆伸手通过右肩缝将右前片从右肩缝拉出，将整个衣身从里面翻到表面。

② 扣烫止口：衣身翻到表面以后，依次将袖窿、门襟、领圈止口整烫定型，使得止口顺直、平整、不反吐；为防止止口表面起极光，用熨斗时要加棉质垫布熨烫。

图 1－4－20　收省女马甲翻烫止口

4. 拷摆缝（图 1－4－21）

将衣身一侧前、后片的侧缝相对，将表布的表面相对，这时刚好里布也是表面相对，从表布的下摆贴边开始拼合侧缝直到里布的下摆，将起始两头位置对齐，中间袖窿底部十字缝位置对齐，缝份控制在 1 cm。一侧摆缝拷完后对称照样拷另一侧摆缝。

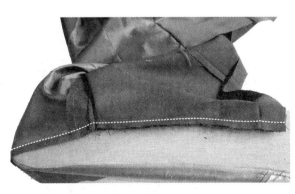

图 1－4－21　收省女马甲拷摆缝

5. 勾合下摆

① 车缝下摆（图 1－4－22）：将表

图 1-4-22 收省女马甲拷摆缝

布与里布的侧缝、后中缝对齐,将表布的下摆贴边与里布的下摆车缝拼合;为方便衣身整体翻到表面,在后中缝中心位置预留 10 cm 左右豁口不缝;为防止挂面底部里布不平,下摆两头预留 2.5 cm 不缝。

② 固定下摆贴边(图 1-4-23):为了让成衣以后的下摆贴边服帖平整,必须使下摆贴边与衣身之间有固定联系,按照扣烫好的下摆贴边折印,将车缝好的下摆贴边用三角针法固定在表布的里面,下摆没有车缝的部位不用缝三角针;三角针距控制在 1 cm,缝线不能抽得太紧。

6. 封底摆

① 封下摆豁口(图 1-4-24):固定完下摆贴边之后,将整个衣身从预留的下摆豁口翻出,这样整件衣服就从里面翻回到了表面,从表面拿住预留豁口的两端,用单股线的暗缲针将里布缲在表布的贴边上;注意暗缲针控制针距在 0.5 cm 左右,起始位置的线头不要留在外面。

图 1-4-23 收省女马甲固定下摆贴边

② 封挂面底角(图 1-4-25):将挂面底角的里布向上折进整理平整,将挂面底角处的表、里两层整理平整,拿住挂面底角用单股线的撬针法封底角,针距为 0.1~0.2 cm,将挂面与表布贴边缝在一起;注意控制缝线不松不紧,起始位置的线头不要留在外面。

自此,收省女马甲的表、里勾合工段结束,可以进行成衣整烫。

图 1-4-24 收省女马甲封下摆豁口

图 1-4-25 收省女马甲封挂面底角

五、任务评价

（一）评价方案

评价指标	评 价 标 准	评价依据	权重	得分
结构设计	A：号型规格表格式、内容正确，放松量设计合理；结构制图步骤正确，结构合理，线条清楚； B：号型规格表格式、内容基本正确，放松量设计较合理；结构制图步骤基本正确，结构基本合理，线条较清楚； C：号型规格表格式、内容欠缺，放松量设计欠合理；结构制图步骤欠正确，结构欠合理，线条欠清楚	成品号型规格表；1∶1衣身制图	20	
纸样设计与制作	A：前片纸样结构处理合理正确，表布纸样制作齐全，里布纸样制作齐全，结构合理，标注清楚； B：前片纸样结构处理基本合理正确；表布纸样制作基本齐全，里布纸样制作基本齐全，结构基本合理，标注基本清楚； C：不能正确进行前片纸样结构处理；不能正确合理地进行表布纸样制作；不能正确合理地进行里布纸样制作	前片纸样结构处理；表布工业纸样；里布工业纸样	15	
样衣制作	A：能合理进行面辅料检验、整烫、整理；能根据操作正确性、便利性合理铺料；排料方法正确，裁片丝缕正确，最大限度节省长度方向用料；裁剪顺序、方法合理，裁片丝缕、正反面正确，裁片与纸样吻合；表布工段、里布工段、表里勾合工段工艺方法正确，工艺符合质量要求；锁眼、钉扣位置合理，大小匹配； B：能基本合理进行面辅料检验、整烫、整理；铺布方式基本正确；排料方法基本正确，裁片丝缕基本正确，节省长度方向用料；裁剪顺序、方法较合理，裁片丝缕、正反面正确，裁片与纸样较吻合；表布工段、里布工段、表里勾合工段工艺方法基本正确，工艺基本符合质量要求；锁眼、钉扣位置较合理，大小基本匹配； C：面辅料正、反面不分，整烫不到位或没整烫；铺料欠平整，正、反面不合理，布边不齐；排料顺序、方法欠合理，不能做到合理节省用料；裁剪顺序、方法欠合理，裁片丝缕、正、反面欠正确，裁片与纸样欠吻合；表布工段、里布工段、表里勾合工段工艺方法欠正确，工艺质量要求有较大偏差；锁眼、钉扣位置欠合理，大小有较大偏差	女马甲面辅料；铺料操作；排料操作；面辅料裁剪；缝制工艺；锁眼钉扣	35	
课堂纪律	A：上课认真，态度端正； B：上课较认真，态度较端正； C：常有迟到、早退、缺课现象，不遵守课堂纪律	课堂表现	10	
学习习惯	A：上课准备充分，作业认真及时； B：上课准备较充分，作业基本认真及时； C：上课不准备，不能认真及时完成作业	课前及课后作业表现	10	
岗位习惯	A：积极做好卫生工作，按规定进行操作； B：能做好卫生工作，基本按规定进行操作； C：不能做好卫生工作，不能按规定进行操作	课堂及课后表现	10	
总 分				

（二）样衣制作质量细则

收省女马甲质量评分表

项目	序号	质 量 标 准	轻缺陷	扣分	重缺陷	扣分	严重缺陷	扣分
规格 （10分）	1	衣长规格正确不超极限偏差±1.0 cm	超偏差50%内		超50%～100%内		超100%以上	
	2	胸围规格正确不超极限偏差±2.0 cm	超偏差50%内		超50%～100%内		超100%以上	
	3	肩宽规格正确不超极限偏差±0.8 cm	超偏差50%内		超50%～100%内		超100%以上	
领 （20分）	4	领圈平服	轻不平服		重不平服			
	5	领圈左右对称	轻不对称		重不对称		严重不对称	
	6	领圈止口不反吐	有		重反吐			
门里襟 与袋 （20分）	7	门里襟平服，顺直	轻不平服，顺直		重不平服，顺直		严重弯斜	
	8	门里襟长短一致	门长里>0.4 cm		门长里>0.7 cm 门短于里襟		互差>1.0 cm	
	9	门里襟止口不反吐	有反吐		重反吐		全部反吐	
	10	袋位高低进出一致	互差0.5 cm以上		互差>0.8 cm			
	11	口袋平服，大小一致，袋盖止口不反吐	袋口，袋盖互差>0.4 cm,轻反吐		袋口，袋盖互差>0.8 cm,重反吐			
	12	袋嵌线狭宽一致，袋角方正	互差>0.4 cm,轻不方正		互差>0.2 cm,重不方正		互差>0.3 cm,严重毛出	
肩胸 （12分）	13	肩部平服，肩缝顺直	轻不平服，弯		重弯，绺			
	14	小肩窄宽左右一致	互差>0.4 cm		互差>0.7 cm			
	15	袖窿圆顺平服	轻不圆顺平服		重不圆顺平服			
	16	袖窿止口不反吐	轻		重		全部反吐	
腰部 （12分）	17	胸省位置适宜，大小左右对称	长短互差>0.5 cm 左右互差>0.4 cm		长短互差>0.8 cm 左右互差>0.7 cm			
	18	腰部、摆部平服顺直	轻不平服		重不平服			
里子 底边 （12分）	19	面与夹里松紧一致	轻不一致		里距底边<0.5 cm		里子外露	
	20	底边顺直，窄宽一致	宽窄互差>0.4 cm		宽窄互差>0.5 cm		严重弯斜	
	21	挂面底角花绷针，毛边不外露	起皱，毛边外露		针脚3 cm<5针			

(续表)

项目	序号	质 量 标 准	轻缺陷	扣分	重缺陷	扣分	严重缺陷	扣分
整洁与牢固 (10分)	22	无断线或轻微毛脱	长度<0.5 cm		长度>0.5 cm, 长度<1.0 cm			
	23	针码>12 针/3 cm(明线)	少于 12 针					
	24	表面有浮线,极光	浮线 1 处		极光,浮线多于 2 处			
	25	产品整洁无线头,污渍	有		表面 2 根线头,里面 4 根线头,污渍在 2 cm² 以内			
合 计								

备注:
一、出现下列情况扣分标准如下:
  1. 凡各部位有开,脱线长度>1 cm 以上应扣 3~5 分,部位是: _____
  2. 严重污渍,表面在 2 cm² 以上扣 4~8 分,部位是: _____
  3. 丢工、缺件,做错工序,各扣 4~8 分,部位是: _____
  4. 烫黄、变质、残破,各扣 4~15 分,部位是: _____
  5. 粘合衬严重起泡、脱胶、渗胶扣 3~5 分,部位是: _____
  说明:凡在备注中出现的扣分规定中的项和细则中各序号中的项目相同,如同时出现质量问题,不再重复扣分(在此扣除原细则序号中的扣分)。
二、轻缺陷扣 1 分、重缺陷扣 2 分、严重缺陷扣 3 分。

考核结果	质量:应得 100 分。扣_____分,实得_____分。	评分记录	

六、实训练习

(一)题目:按款式要求完成一款修身型女马甲结构设计与工艺。

(二)要求:

1. 能抓住款式和材料特点进行款式结构分析;

2. 能合理进行结构设计;

3. 能合理进行纸样设计与制作;

4. 能参照质量要求进行样衣制作。

任务五　女西装结构设计与工艺

一、任务目标

1. 以女西装典型款式为例，掌握基本型女西装的款式特点与结构特征。
2. 会制订基本型女西装的号型规格表。
3. 会进行基本型女西装的结构制图。
4. 会进行基本型女西装的纸样设计与制作。
5. 以基本型女西装为例，会进行女西装面辅料整理。
6. 以基本型女西装为例，掌握女西装铺布、排料及裁剪工艺。
7. 掌握基本型女西装表布的缝制工艺。
8. 掌握基本型女西装里布的缝制工艺。
9. 掌握基本型女西装的表、里勾合工艺。
10. 以基本型女西装为例，掌握女西装工艺流程。

二、任务描述

　　以女西装典型款式为例，引导学生进行款式特点分析，在此基础上进行基本型女西装的结构特征分析；以现行国家标准的女子中间体为例，在其主要控制部位号型规格的基础上引导学生进行放松量设计，规范合理地制订成品号型规格表；围绕女西装省道结构原理与运用技巧，在成品号型规格表的基础上引导学生进行平面结构制图，并在此基础上进行纸样设计与纸样制作。

　　以基本型女西装典型款式为例，根据款式要求进行面辅料的配置与整理；根据制作完成的基本型女西装典型款式纸样，合理进行铺布、排料、裁剪工艺；依据女西装工业化生产工艺流程及女西装质量技术要求，指导学生完成女西装表布工艺、里布工艺及表、里勾合工艺，并在此基础上进一步完成后整理、锁眼钉扣及成品质量检验工作。

三、相关知识点

1. 基本型女西装的款式结构分析要点。
2. 基本型女西装的放松量设计要点。
3. 基本型女西装的衣身结构制图思路与步骤。

4. 基本型女西装的领子结构制图思路与步骤。

5. 基本型女西装的袖子结构制图思路与步骤。

6. 基本型女西装前片、后片纸样设计原理与技巧。

7. 基本型女西装纸样制作的相关知识。

8. 女西装面辅料配置的相关性。

9. 女西装面辅料整理要点。

10. 女西装工业化生产工艺流程。

11. 女西装质量技术要求。

12. 女西装表布工艺、里布工艺以及表里勾合工艺的相关性。

四、任务实施

过程一　款式结构分析

前、后衣片都有从袖窿开始的纵向公主线分割,衣身结构从前中心到后中心共有四片,故称为四开身衣身结构;后片长度刚盖过臀围线,前片有从袖窿分割的公主线进行突出胸部和吸腰造型,因此要考虑将胸省转移到袖窿省,侧缝有腰省进行吸腰造型,后片有公主线分割进行吸腰造型,因此衣身为修身型;平驳头西装领,领脚分割使领圈更符合脖子的造型,门襟设两粒中号西装钮扣,门襟下摆为圆弧造型。

过程二　结构设计

（一）成品号型规格设计

1. 号型规格表（单位：cm）

女西装成品号型规格如下表所示：

号型	肩宽	胸围	腰围	摆围	后中长	袖口	袖长
160/84A	39	92	76	96	56	13	56

2. 放松量设计

肩宽在自然全肩宽基础上略加 1 cm 松量,肩斜略有松量,肩棉厚度约为 1 cm;胸围放松量为 8 cm 左右,胸腰差为 16 cm 左右,衣长刚盖过臀围线,下摆线即臀围线,臀围放松量为 6 cm 左右;手臂自然下垂时袖长量至虎口上,全袖长为 56 cm。

女西装款式

材料：花呢面料,尼龙纺里料；

辅料：30 g 布衬,20 g 无纺衬；

1 cm 棉质垫肩。

（二）结构制图

步骤一　衣身结构制图要点（先后片再前片,如图 1－5－1 所示）

1. 后片结构

① 后中心线：后中长 56 cm。

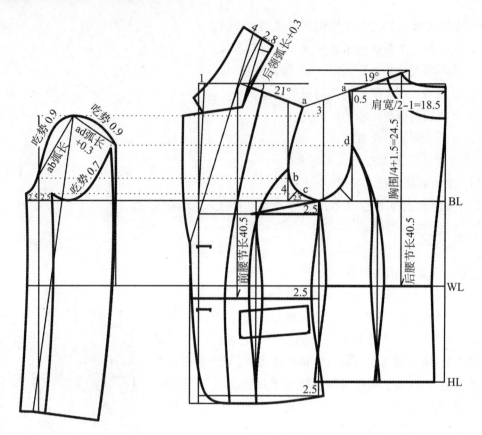

图 1-5-1 女西装结构制图

② 腰节线：背长 38 cm。

③ 后横开领：净胸围/12+1 cm＝8 cm。（注：净胸围/12 为原型横开领，刚好位于女子中间体的侧颈点位置）

④ 后直开领：2.4 cm。

⑤ 后片肩斜角度：19°。

⑥ 后片肩端点：肩宽/2−1 cm＝18.5 cm。

⑦ 后片胸围线位置从侧颈点向下量：成衣胸围/4+1.5 cm＝24.5 cm。

⑧ 后背宽线：肩端点进 0.5 cm。

⑨ 后中心分割线在腰围线上吸腰 2.5 cm，向下到臀围线位置又向外劈出 0.5 cm 左右。

⑩ 后片胸围：成衣胸围/4＝23 cm。

⑪ 公主线从袖窿高/2 位置向下分割，在腰围线上基本将腰围平分成两份。

2. 前片结构

① 延长后片胸围线量前片胸围：成衣胸围/4＝23 cm，确定前中心线。

② 侧缝腋下位置预留胸省 2.5 cm。

③ 后片腰节线下降 2.5 cm 位置确定前片腰节线。（注：出于腰节以上前后片侧缝长度相等的考虑）

④ 后片衣长线下降 2.5 cm 位置确定前片衣长线。（注：出于腰节以下前后片侧缝长度相等的考虑）

⑤ 依据前腰节长＝后腰节长（从后片侧颈点量到后腰节线），确定前片侧颈点高度。（注：腰节长是从侧颈点垂直量到腰节线的距离）

⑥ 前横开领：后横开领＋1 cm＝9 cm（其中 1 cm 是前片撇胸量）。

⑦ 驳领串口高：5 cm 左右。（注：当前直开领为 7 cm 左右，刚好位于女子中间体的前颈点位置）

⑧ 前片肩斜角度：21°。

⑨ 前小肩＝后小肩－0.5 cm；（0.5 cm 是后肩缝吃势）。（注：小肩是指衣片肩线的长度）

⑩ 前胸宽线：前胸宽＝后背宽－1 cm。

⑪ 胸高量：前中心向下加长 1～1.5 cm。

3. 吸腰量

① 后中心腰省 2.5 cm。

② 后公主线腰省 2.5 cm（分割线两边腰围距离均衡），到臀围线位置分割线交叉重叠 1 cm 左右。

③ 前公主线腰省 2.5 cm（分割线两边腰围距离均衡）。

④ 前侧缝腰省 1.5 cm，后侧缝腰省 1 cm。

4. 领圈与袖窿

① 肩缝拼合后前后领圈能顺利过渡。

② 肩缝拼合后前后袖窿能顺利过渡。

步骤二 领子结构制图要点

① 领子内圈弧线＝后领圈弧线＋前领圈弧线。

② 后领高 6.8 cm，其中领座 2.8 cm、领面 4 cm。

③ 驳头宽 8.5 cm 左右。

④ 领角 3.5 cm。

⑤ 驳角 4 cm。

步骤三 袖子结构制图要点（采用套袖窿制图法）

① 袖山高：从前后片肩端点连线中点垂直量到胸围线的距离，再减掉 3 cm。

② 前袖标高 4 cm 左右，偏袖量 2.5 cm。

③ 后袖标取后袖窿公主线分割点，两片袖后袖缝与后衣片公主线刚好在此对位。

④ 袖山吃势 2.5 cm 左右，以袖山顶点分界，大袖片前段吃势 0.9 cm 左右、后段吃势 0.9 cm 左右，小袖片吃势 0.7 cm 左右。

过程三 纸样设计与制作

（一）纸样处理

1. 前片纸样处理（图 1－5－2）

采用纸样剪切法，将预留的 2.5 cm 胸省转移到袖窿省，刚好包含在袖窿公主分割线中，然后将分割线重新修正画顺。

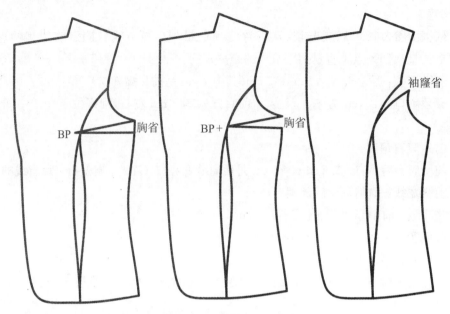

图 1-5-2　女西装前片纸样处理

2. 后片纸样处理(图 1-5-3)

① 肩部纵向剪切后拉开 1 cm,肩宽回到正常位置。

② 袖窿处横向剪切后重叠 0.6 cm 左右,袖窿弧线缩短,减少背部袖窿富余量。

③ 后背中心横向剪切后重叠 0.2 cm 左右,后中长在背部略缩短,减少后中心背部富余量。

④ 修正肩缝、袖窿、后中心轮廓线。

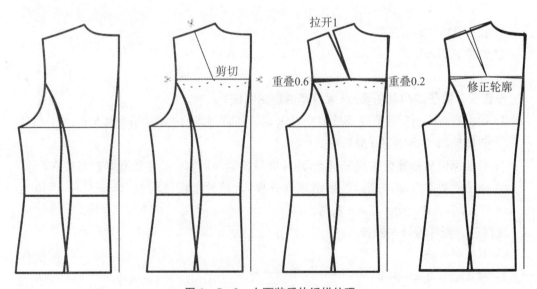

图 1-5-3　女西装后片纸样处理

3. 领子纸样处理(领脚分割处理如图 1-5-4 所示)

① 拓下领子结构制图中的半个领子结构图,包括轮廓线、翻折线和肩缝刀眼。

② 翻折线向下 0.8 cm 画一条平行线,这条就是分割线。

③ 分割线把整个领子分成了上、下两部分,上部分称为领面,下部分称为领脚。

④ 将下领宽度四等分,分别画三条与后领中平行的辅助线,分别在领面、领脚的每一条辅助线位置画一个 0.2 cm 的省道;这样在半个领子的分割线位置上,领面有 3 个 0.2 cm 的省道,领脚也有 3 个 0.2 cm 的省道。

⑤ 画好省道后,沿分割线将领面、领脚剪开。

⑥ 领面、领脚分别收省,将 3 个 0.2 cm 的省道逐个闭合。

⑦ 省道闭合完后,将领面、领脚的轮廓线重新修正,得到新的领面纸样和领脚纸样,即完成领子纸样处理。

西装领子纸样处理的主要作用是通过在翻折线附近位置上领面、领脚的分割,使翻折线长度缩短(半个领子缩短 0.6 cm 左右,整个领子缩短 1.2 cm 左右),从而使领子的翻折线更加贴合脖子,同时领子内圈、外圈长度保持不变。

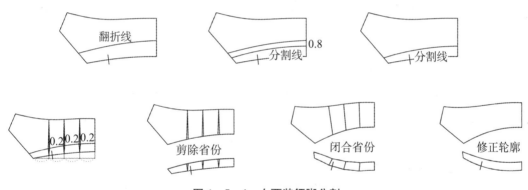

图 1-5-4　女西装领脚分割

4. 衣身里布纸样处理(图 1-5-5)

① 表布衣身有公主线分割,里布衣身前后片都取消公主线分割。

② 里布前片去除挂面部分,取消公主线分割,保留腋下胸省及腰省。

③ 里布后片去除领贴部分,取消公主线分割,保留腰省,侧缝下摆加大,加放出表布公主线分割在下摆位置放出的量。

(二)纸样制作

1. 表布纸样制作(图 1-5-6)

① 袖口贴边、下摆贴边各放缝 3.5 cm。

② 其余部位各放缝 1 cm。

③ 对位刀眼:

a. 领子与领圈三刀眼位置:左肩缝、后中心、右肩缝。

b. 袖子与袖窿三刀眼位置:前袖窿与前袖山袖标,袖窿肩缝与袖山顶点,后袖窿分割线

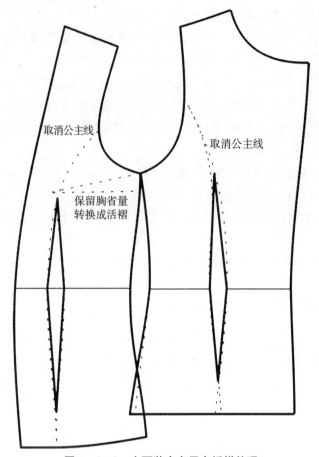

图 1-5-5　女西装衣身里布纸样处理

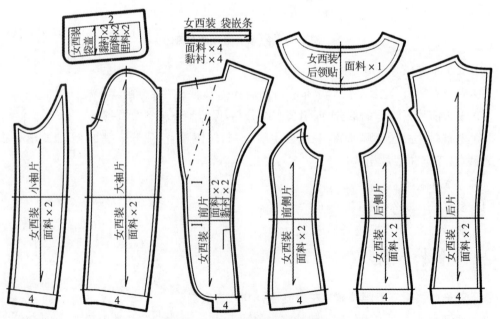

图 1-5-6　女西装表布纸样制作

与大小袖片后袖缝。

　　c. 衣身腰节位置,袖片袖肘位置。

　　d. 前片领子驳口位置。

　　e. 领贴居中位置。

　　2. 挂面纸样制作(图1-5-7)

　　① 门襟翻驳点位置水平方向加放 0.3 cm(考虑沿翻折线折转后驳头部分的里外匀量)。

　　② 驳角最外点随翻驳点水平加放 0.3 cm,同时向上抬高 0.2 cm 左右。

　　③ 为了把挂面接里布一边的底部角落做得干净平整,接里布一边底部加放出长方形的一角,高约 4 cm,宽约 0.5 cm。

　　④ 在净缝线基础上挂面四周均匀放缝 1 cm。

　　⑤ 驳角装领位置打刀眼,接里布腰围线位置打刀眼。

　　3. 领子纸样制作(图1-5-8)

　　① 领面、领脚分割线位置放缝 0.6 cm。

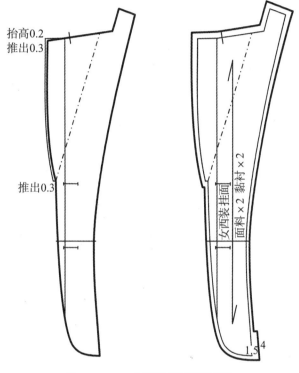

图1-5-7　女西装挂面纸样制作

　　② 领面、领脚其余部位放缝 1 cm。

　　③ 对位刀眼:

　　a. 领面、领脚居中位置;

　　b. 领脚两侧肩缝位置。

　　4. 里布纸样制作(图1-5-9)

　　① 衣身里布纸样制作在图 1-5-5 女西装衣身里布纸样处理的基础上放缝,前后片四周放缝 1 cm。

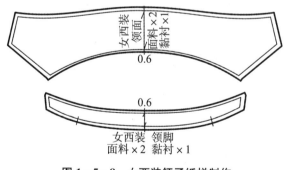

图1-5-8　女西装领子纸样制作

　　② 袖子里布纸样制作在袖子面料样板的基础上再放缝,前袖缝位置再抬高 2.5 cm,后袖缝位置再抬高 1.5 cm,袖山顶点再抬高 0.5 cm。

　　③ 对位刀眼:

　　a. 袖子与袖窿三刀眼位置:前袖窿与前袖山袖标,袖窿肩缝与袖山顶点,后袖窿分割线与大小袖片后袖缝;

　　b. 衣身腰节位置;

c. 前片腋下胸省位置。

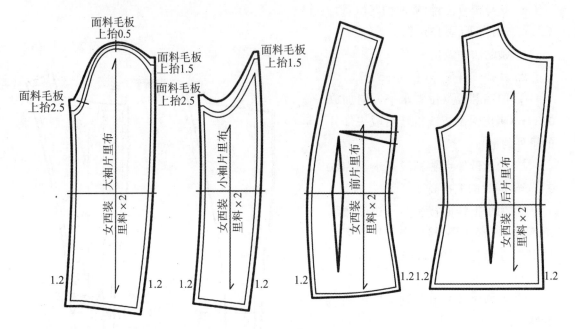

图 1-5-9 女西装里布纸样制作

5. 净样板制作(图 5-1-10)
① 前片;
② 挂面;

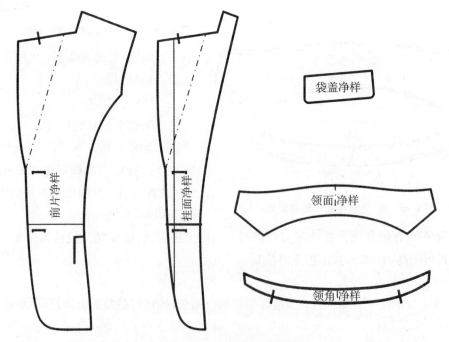

图 1-5-10 女西装净样板制作

③ 袋盖；

④ 领子：领面、领脚。

过程四　样衣制作

（一）面料整理

将面料门幅居中对折、正面相对、两布边对齐，在烫台上放平，将熨斗调到合适温度，打开蒸汽开关沿经纱方向来回按次序熨烫面料，注意控制熨斗对面料的压力不能太重，以不移动面料为宜，蒸汽熨斗缓慢移动，以确保面料每个部位都被蒸汽熨斗充分熨烫；蒸汽熨斗烫完后，将面料放平晾干。

（二）铺布

将面料门幅居中对折双层铺料，正面相对，布边对齐，为方便排料与裁剪操作，将布边一侧靠近操作者身体一侧的桌子边，并且与桌子边平行，距离均为 3～5 cm，这样即可以把桌子边看成是面料经纱方向。

（三）样板排料

1. 表布排料

基本型女西装表布的单件排料如图 1‑5‑11 所示。

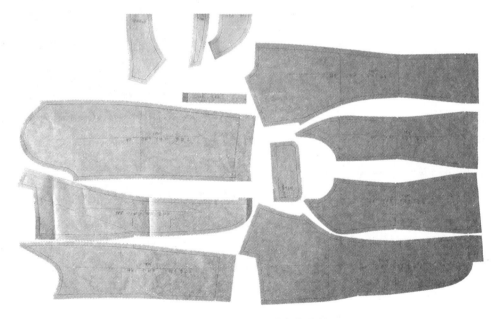

图 1‑5‑11　女西装表布排料

① 表布门幅宽 140 cm。

② 铺布方式：表布门幅居中对折双层铺料，表布正面与正面相对。

③ 排料方法：

a. 先大后小：前片、前侧片、后片、后侧片、大袖、小袖、挂面等面积大的先排，领子、领贴、袋盖、嵌条等面积小的找空档穿插；

　b. 保证裁片数量；

　c. 保证样板丝缕线与面料经纱方向一致；

　d. 尽量从裁片方向上保证整件衣服顺向一致；

　e. 为避免经向色差，相邻裁片尽量在同一纬线方向排开。

④ 控制表布长度方向用料，基本型女西装表布用料长度为（表布衣长＋表布袖长）。

2. 里布排料

基本型女西装里布的单件排料如图 1－5－12 所示。

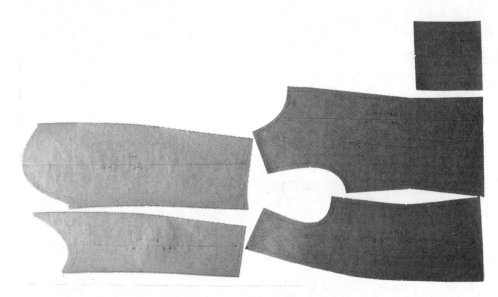

图 1－5－12　女西装里布排料

① 里布门幅宽 140 cm。

② 铺布方式：里布门幅居中对折双层铺料，里布正面与正面相对。

③ 排料方法：

　a. 里布样板只有前片、后片、大袖、小袖和袋布，因此将前、后片侧缝相对在同一纬线方向排开，大小袖片袖缝相对在同一纬线方向排开；

　b. 保证裁片数量；

　c. 保证样板丝缕线与面料经纱方向一致；

　d. 保证裁片顺向一致。

④ 控制里布长度方向用料，基本型女西装里布用料长度为（里布衣长＋里布袖长）。

（四）裁剪

1. 表布裁片（图 1－5－13）

裁片数量：（单位：片）

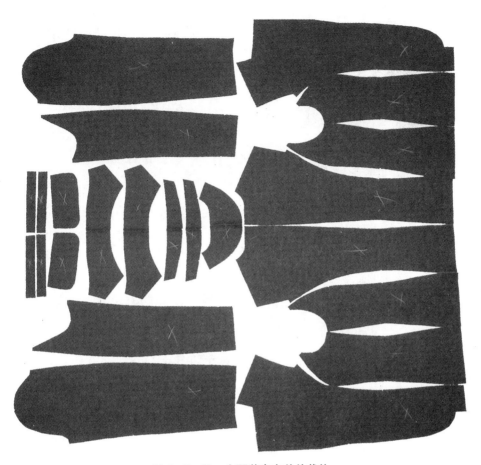

图 1－5－13　女西装表布单件裁片

后片×2,后侧片×2,注意对称性;前片×2,前侧片×2,注意对称性;大袖片×2,小袖片×2,注意对称性;领面×2,领脚×2,注意对称性;袋盖×2,袋嵌条×4,注意对称性;挂面×2,注意对称性;领贴×1。

2. 里布裁片(图 1－5－14)

裁片数量:(单位:片)

前片×2,后片×2,注意对称性;大袖片×2,小袖片×2,注意对称性;袋盖×2,袋布×4,注意对称性。

3. 黏衬(图 1－5－15)

黏衬数量:(单位:片)

挂面×2(挂面用 20 g 无纺衬黏到翻驳点以下 5 cm 即可);前片×2(整个前片用 30 g 布衬);领面×2(底领用 30 g 布衬取 45°斜丝缕,面领两角用 30 g 布衬取 45°斜丝缕);领脚×1(面领用 30 g 布衬);袋盖×2(里用 20 g 无纺衬);袋嵌条×4(表布用 20 g 无纺衬);5 cm 宽的布衬斜条长约 130 cm(尽量用 45°斜丝缕,可分段);1.5 cm 宽、长约 40 cm 的布衬直牵带 2 条;1 cm 宽的布衬直牵带长约 150 cm(可分段)。

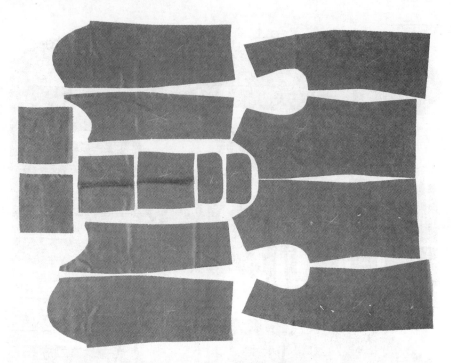

图 1-5-14　女西装里布单件裁片

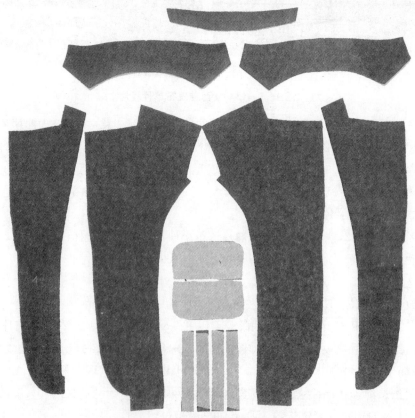

图 1-5-15　女西装黏衬裁片

（五）缝制工艺

步骤一　衣身表布工段

1. 前片拼合工艺（图1-5-16）

① 前片和前侧片分别烫上黏衬，前片整片用粘合机烫上布衬，前侧片下摆贴边位置烫上5 cm宽的布衬斜条。

② 拼合公主线，前侧片在上，前片在下，腰节位置刀眼对齐；始、末位置对齐，注意胸部弧线控制均匀。

③ 用熨斗分烫公主线缝份。

④ 左右衣身两前片一起归拔、推门处理，注意控制两前片造型对称。

a. 胸部、腰节位置拔开；

b. 袖窿、肩缝、驳头位置归拢；

c. 门襟位置推直。

⑤ 为了有利于衣片定型，自此以后的每个操作步骤中，当每个衣片、袖片的工艺完成时，都应该将衣片吊挂起来。

图1-5-16　女西装前片工艺

2. 后片工艺（图1-5-17）

① 后片和后侧片分别烫上黏衬，在下摆贴边位置烫上5 cm宽的布衬斜条。

② 拼合公主线，后侧片在上，后片在下，腰节位置刀眼对齐；始末位置对齐，注意背部弧线控制均匀。

③ 拼合后中缝，腰节位置刀眼对齐；始、末位置对齐，注意上下两层松量控制均匀。

④ 用熨斗分烫缝份。

⑤ 整个后片衣身居中对折成对称形状，上下两层一起进行归拔处理，注意控制左右衣片造型对称。

a. 腰节、后背位置拔开；

图1-5-17　女西装后片工艺

b. 袖窿、肩缝、领圈位置归拢。

⑥ 归拔处理完毕，在袖窿、领圈部位齐边烫上1 cm直牵带，辅助衣片定型。

3. 开袋工艺

（1）做袋盖（图1-5-18）

① 袋盖里布烫上无纺衬；在无纺衬上画袋盖净样；修剪缝份（三边0.6 cm，装袋盖一边2 cm）。

② 将袋盖表布放在修好的袋盖里布下面，按袋盖里布修剪袋盖表布（注意三边表布修大0.3 cm，装袋盖一边修齐），有利于袋盖表布和里布形成里外匀。

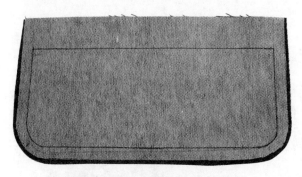

图1-5-18 女西装做袋盖工艺

表面;用熨斗整烫袋盖,注意止口圆顺。

(2)车缝袋嵌条(图1-5-19)

①扣烫袋嵌条:将每一根袋嵌条烫上无纺衬,修剪成长17 cm、宽2.5 cm长方形状;宽度对折扣烫,扣烫好的每根袋嵌条一边是毛边、一边是对折的光边;每个口袋两根(共四根)备用。

②袋位贴黏衬:在袋位的布料反面烫上无纺衬,有利于袋口平整。

③车缝袋嵌条:用定位样板在两个前片上分别对称画好袋位;将扣烫好的两根袋嵌条毛边相对、按画好的袋位分别车缝到衣身袋嵌条部位,两条缝线分别控制袋嵌条居中位置;注意车缝起始点和画袋位线一致,倒回针3~4针,使袋角牢固。

④车缝两根袋嵌条的这两道线是两条平行的直线,且两条平行线之间的距离约等于1.2 cm,注意检查车缝线是否直,两道线是否平行,及时修正。

(3)开袋、剪三角(图1-5-20)

①开袋口:翻到前片里面,从两道车缝线中间开始剪开,剪开线与两道车缝线平行且居中。

②剪三角:接着前道工序从中间向两边开袋口时,当开到距离袋角约1.5 cm时应停止,开始冲着两道平行线的起始点剪三角,将开袋口两端剪成"Y"型,注意剪透衣身布料,但不要将两道平行线起始点的车缝线剪断,以免袋口脱散。

(4)整烫袋嵌条(图1-5-21)

①开袋、剪三角后,翻到前片表面将两根嵌条翻进口袋里面。

②整烫上下两个袋嵌条,宽窄均匀,袋口平整,袋角方正。

③勾袋盖:袋盖里布在上,袋盖表布在下,上下两层齐边按净样兜绲袋盖,注意控制袋盖表布吃势均匀;装袋盖一边不缝。

④修烫缝份:将兜绲好的袋盖缝份齐净缝线向袋盖里布一侧绊倒扣烫,注意控制袋角圆顺;将缝份均匀修剪到0.3 cm左右。

⑤表里运返:按扣烫线将袋盖翻到

图1-5-19 女西装车缝袋嵌条

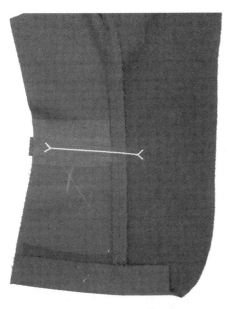

图 1-5-20 女西装开袋、剪三角

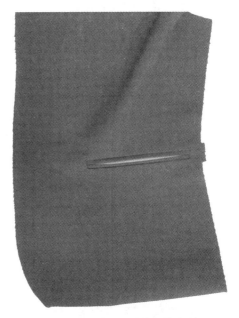

图 1-5-21 女西装整烫袋嵌条

（5）装袋盖（图 1-5-22）

① 封三角：将袋嵌条整烫好，翻进口袋里面，在布料反面将袋角两端的三角布与嵌条一起缉缝牢固；注意封三角布时要调整好两根嵌条的松紧，一般下嵌条应略紧以防止袋口豁开，同时还要缉缝干净、牢固，使袋角不容易拉毛和脱散。

② 袋角两端封三角后翻回到口袋表面，将做好的袋盖塞进两根袋嵌条中间，注意要刚好使袋盖宽的净缝线齐着两根袋嵌条的中间，同时袋盖在袋口两端居中、松紧合适。

③ 固定袋盖：调整好袋盖位置后可以先在表面的上嵌条上车一道假缝线（拉长针距、方便拆线），以便能暂时固定袋盖，然后翻进口袋里面将袋盖与上嵌条的缝份一起车缝牢固，最后翻回到口袋表面，可以将假缝线拆除。

图 1-5-22 女西装装袋盖

（6）装袋布（图 1-5-23）

① 装袋盖后翻进口袋里面，将两片口袋布分别与上、下嵌条的缝份车缝在一起，注意上嵌条缝份向上，下嵌条缝份向下。

② 车缝袋布的缝线位置可以骑着前一道车缝线；注意始、末位置倒回 3～4 针，车缝牢固。

（7）兜缉袋布（图 1-5-24）

① 兜缉袋布：保持袋口平整，翻到里面将两片袋布的边缘尽量对齐，从袋角的一边开始兜缉袋布，经过袋布底部，又回到袋角的另一边；注意缉袋布底部的时候要翻到表面看一下袋口是否闭合平整（袋盖塞进袋口里面），不要因为大、小袋布深度、松紧不合适而导致袋口豁口；还要注意车缝起始位置倒回针，使袋布兜缉牢固。

② 固定缝份：为防止兜缉好的袋布从袋口翻出来，应在袋布底部将袋布缝份与前片公主线的缝份之间固定，用手针缝三角针 2～3 针，注意手缝时线不能抽太紧；为了有利于袋口顺直定型，应将上嵌条的缝份修小并用手缝三角针将缝份绷直固定在衣身黏衬上，同样要注意线不能抽太紧，避免表面出现针迹影响外观质量。

③ 封袋口：为防止在后续工艺操作中袋口拉开造成的不便，翻到口袋表面用三角针法将两根嵌条之间的袋口缝住，三角针针距约为 0.8 cm；当成衣工艺基本完成后，在合适的时候可以将三角针去除。

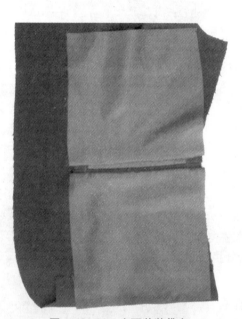 

图 1-5-23　女西装装袋布　　　　图 1-5-24　女西装兜缉袋布

4. 翻折线复牵带（图 1-5-25）

① 在烫台上用熨斗将做好口袋的左右前片的门襟、驳头、领口、肩缝及胸部造型稍作整理，然后尽量对称放平。

② 用定位样板在两个前片上分别对称画好驳头翻折线。

③ 在翻折线进 0.8～1 cm 位置（靠近袖窿侧）烫上 1.5 cm 宽的布衬直牵带，烫时牵带略带紧，翻折线两端的缝份不用黏衬。

④ 烫好牵带，在牵带的两边掭八字针，用长 9# 细针，单股本色缝纫线，每一针缝线稍带紧，注意尽量不要缝穿到布料表面来。

⑤ 翻折线复牵带的作用是将翻折线略抽紧缩短,对于归拔整理的胸部造型有一定的辅助定型作用,同时使驳头自然翻转。

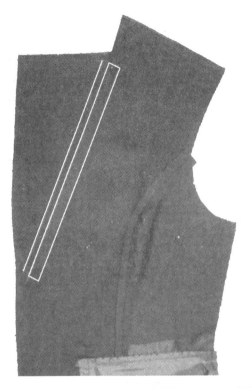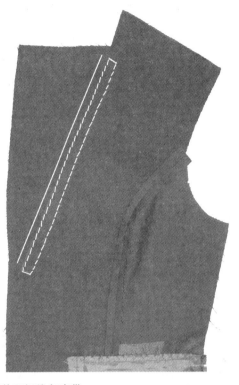

图 1 - 5 - 25　女西装翻折线复牵带

5. 拷合表布衣身(图 1 - 5 - 26)

① 前衣身在上,后衣身在下,衣身表布正面相对,拼合左右侧缝及肩缝;连贯拼合顺序为:侧缝、肩缝、肩缝、侧缝。

② 拼合侧缝时始、末位置对齐,腰节位置对齐。

③ 拼合肩缝时始、末位置对齐,注意后片肩缝的吃势要控制均匀。

④ 分烫缝份:将四条缝份在烫墩上分开烫平。

自此,衣身表布工段完成;为保持衣身造型,应将做好的表布衣身挂穿在衣架上。

步骤二　衣身里布工段(图 1 - 5 - 27)

1. 前片、后片里布工艺

① 画省位:对称裁片两对称位置一起画,注意对称性。

② 收省:前片、后片分别车缝腰省,注意省尖部位收直,为防止省尖脱散,必须倒回针 3～4 针。

③ 打褶:腋下胸省采用打活褶,褶向朝下。

图 1 - 5 - 26　女西装拷合表布衣身

④ 烫省：后片腰省省缝倒向后中心；前片腰省省缝倒向侧缝。

⑤ 前片拼挂面：挂面在上、前片里布在下，上下两头位置对齐，腰节刀眼位置对齐，将挂面和前片里布均匀地缝合在一起；为了挂面底角工序操作方便，注意挂面底部预留 2.5 cm 不车缝。

⑥ 后片拼领贴：先拼合后中缝，注意腰节刀眼对齐、上下对齐，缝份倒向任意一侧；领贴在上、后领圈里布在下，两头位置对齐，居中刀眼位置对齐，将领贴和后领圈里布均匀地缝合在一起。

2. 拷合里布衣身

① 前衣身在上，后衣身在下，衣身里布正面相对，拼合左右侧缝及肩缝；连贯拼合顺序为：侧缝、肩缝、肩缝、侧缝。

② 拼合侧缝时始、末位置对齐，腰节位置对齐。

③ 拼合肩缝时始、末位置对齐，前片里布拼挂面的缝份倒向侧缝；注意后片肩缝的吃势要控制均匀。

④ 烫缝份：将两条肩缝的缝份在烫墩上分开烫平；两条侧缝的缝份都倒向后中心烫平；后中缝的缝份倒向一侧烫平。

自此，衣身里布工段完成；为保持衣身造型，也将做好的里布衣身挂穿在衣架上。

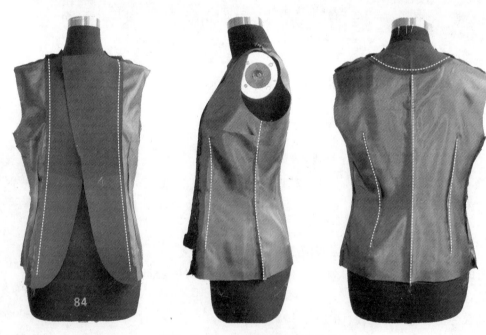

图 1-5-27 女西装拷合里布衣身

步骤三 衣身表、里勾合工段

1. 勾合门襟、驳头（图 1-5-28）

① 分别用前片和挂面的净样板在衣身表布的前片和衣身里布的挂面上画净样，将领口、驳头、门襟的净样画在布料反面。

② 将衣身表布与衣身里布表面相对，衣身表布的领口、驳头、门襟与衣身里布的相对应位置分别贴合对齐。

③ 将前片在上，挂面在下，上下两层自上而下分别对齐三个点用大头针别合：驳角位置；翻驳点位置；挂面底角位置。左右衣身同时操作，注意对称性。

图 1 - 5 - 28　女西装勾合门襟、驳头

④ 车缝门襟、驳头止口线：

a. 翻驳点以上段：上下两层止口对齐，挂面驳头、驳角略松，控制好挂面驳头、驳角吃势；驳角吃势均匀，驳头吃势主要控制在靠近翻驳点的下 2/3 段。

b. 翻驳点以下段：控制上下两层松紧适宜；为防止成衣后挂面底部有毛边外露，通常在勾合前先把挂面底部毛边折进 0.5 cm 左右，这样挂面底部就被折光了。

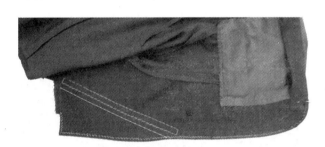

图 1 - 5 - 29　女西装修烫止口

2. 修烫止口（图 1 - 5 - 29）

① 修止口：勾合门襟、驳头后，修剪止口缝份，表布前片在上修剪到 0.4 cm 左右，里布挂面在下修剪到 0.6 cm 左右；用剪刀在驳角位置点垂直于净缝线打剪口。

② 烫止口：齐着缝线将止口绊倒在衣身表布一边，用熨斗将修剪好的缝份扣烫均匀。

③ 固定止口：拿住扣烫好的缝份，用单股线的撩针法将缝份与衣身表布一边缝在一起；注意控制缝线不松不紧。

3. 翻烫止口（图 1 - 5 - 30）

① 修烫止口后，将衣身从里面翻出表面，注意将止口充分翻出。

② 用熨斗扣烫止口：

a. 由于是在表布熨烫，为防止表面起极光，因此要加棉质垫布熨烫。

b. 翻驳点以上段：挂面止口略吐 0.1 cm。

图 1 - 5 - 30　女西装翻烫止口

c. 翻驳点以下段：表布前片止口略吐 0.1 cm。

③ 止口拱针：为有利于止口定型，用长 9# 手缝针穿本色线做止口拱针，针距约为 0.5 cm，距离止口边约为 0.5 cm；翻驳点以上段在表布前片上做外拱针，翻驳点以下段在里布挂面上做内拱针。

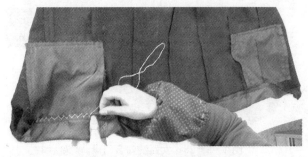

图1-5-31 女西装勾合下摆

4. 勾合下摆（图1-5-31）

① 车缝下摆：衣身表面的驳头、门襟止口做好后，从领口部位翻进衣身的里面，在下摆部位将表布与里布相对应的侧缝、后中缝对齐，将表布的下摆贴边与里布的下摆车缝拼合；车缝时一般表布贴边在上、里布在下，根据表布来调整里布的松紧，在里布宽松的情况下可在每个缝份里折细褶；为防止挂面底部里布不平，下摆两头预留2.5 cm不缝。

② 固定下摆贴边：为了让成衣以后的下摆贴边服帖平整，必须使下摆贴边与衣身之间有固定联系，按照扣烫好的下摆贴边折印，将车缝好的下摆贴边用三角针法固定在表布的里面，下摆没有车缝的部位不用缝三角针，三角针距控制1 cm，缝线不能抽得太紧；下摆贴边的三角针做好后，将整个衣身从领口部位翻回到衣身表面。

③ 封挂面底角（图1-5-32）：在衣身表面将挂面底角的里布向上折进整理平整，将挂面底角处的表、里两层整理平整，拿住挂面底角用单股线的撩针法封底角，针距0.1～0.2 cm，将挂面与表布贴边缝在一起；注意控制缝线不松不紧，起始位置的线头不要留在外面。

自此，衣身表、里勾合工段完成，将做好的衣身挂穿在衣架上。

步骤四 领子工段

1. 做领子

（1）拼合面领、底领（图1-5-33）

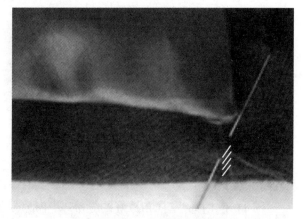

图1-5-32 女西装封挂面底角

① 拼合分割线：将领面、领脚分别烫上黏衬后，面领、底领的领面与领脚分别按分割线车缝拼接；车缝时领面、领脚表面相对，居中刀眼对齐，始、末位置对齐；缝份控制在0.6 cm。

② 缉止口线：拼合后将缝份分开，在领子表面的缝份两边分别骑坑缉0.1 cm止口线。

（2）勾领子

① 修领子：将拼合好的面领、底领表面相对，先进行比对整理，修成对称一致；

图1-5-33 女西装拼合面领、底领

然后将底领的两端领角边及领子外圈一边修小0.3cm,有利于表领和底领形成里外匀(图1-5-34)。

图1-5-34 女西装修领子

② 勾面领、底领:修领子后,底领在上,面领在下,上下两层齐边按净样兜缉领子,注意控制面领吃势均匀;装领子的串口、领圈一边不缝;为了有利于翻烫领子时领角方正,车缝到两端领角最拐角一针时分别埋入线头;为了有利于装领子时串口线分开缝份,勾领子的开始和结束位置都要预留缝份,选择净缝点起针和倒针(图1-5-35)。

(3) 修烫领子(图1-5-36)

① 将勾领子的缝份修剪到0.5cm,为防止两端领角上缝份重叠,还要进一步修剪领角缝份。

② 将修剪好的缝份齐着缝线绊倒在底领一边,用熨斗扣烫均匀。

图1-5-35 女西装勾面领、底领

图1-5-36 女西装修烫领子

图1-5-37 女西装翻烫领子

(4) 翻烫领子(图1-5-37)

① 将领子从里面翻出到表面,注意将止口充分翻出。

② 在底领表面扣烫止口,控制面领的止口略吐出0.1cm;为防止表面起极光,因此要加棉质垫布熨烫。

③ 可以在底领止口一边缉0.1cm助止口线,不缉穿面领,只将底领与里面的缝份缉牢,有利于止口定型。

领子做好后,将领子沿后中心对折检查领子对称性及面领、底领装领一边是否吻合,可略作修整;同时检查上领三刀眼位置,为装领子工艺做好准备。

2. 装领子

(1) 装领准备(图1-5-38)

① 在衣身的表布、里布的串口、领圈上分别画上净缝粉印;在领子面领、底领的串口、领圈上分别画上净缝粉印(画在

图1-5-38 女西装装领准备

布料反面)。

② 在领子的面领与衣身的里布领圈相对,领子的底领与衣身的表布领圈相对,分别明确领子、领圈的三刀眼对位点。

(2) 车缝领子(图 1-5-39)

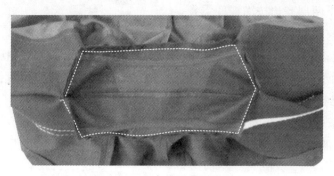

图 1-5-39 女西装车缝领子

① 将面领与衣身里布挂面、领贴的领圈缝合;底领与衣身表布前片、后片的领圈缝合。

② 缝合领子从串口线驳角点预留的缝份开始,控制缝线与驳角止口对齐,领子与领圈三刀眼对齐,分别是后中心及左、右肩缝位置。

③ 为了使装领子外观上串口与领圈的拐角位置平整,车缝到拐角点(机针插在下面)时,抬起压脚,扳开缝份,用剪刀头对着机针将领圈缝份剪开,这样在拐角处车缝就能顺利过渡且外观不容易起泡;面领、底领的共四个拐角都应该这样车缝操作。

(3) 装领缝份处理(图 1-5-40)

图 1-5-40 女西装装领缝份处理

① 修剪缝份:将车缝面领、底领的两道装领子缝份都修剪到 0.6 cm。

② 烫开缝份:在烫墩上用熨斗将车缝面领、底领的两道装领子缝份都分开烫平。

(4) 领子外观整理(图 1-5-41)

① 装领子外观要求在串口线位置面领与底领两层不能脱开、不能移位,在领圈位置面领与底领两层不能脱开、不能移位,因此,要将装领子面领与底领的两道缝份之间相对

图 1 - 5 - 41　女西装领子外观整理

固定。

② 在领子里面面领与底领的缝份之间可以放置一层双面黏胶衬,在表面上下缝份位置对齐后,用熨斗蒸汽一烫就可以固定;在领子里面将面领、底领两层烫开的缝份之间位置对齐,然后用缝线固定,可以手缝也可以车缝。

自此,女西装领子工段完成,将做好的衣身挂穿在衣架上,领子翻平整。

步骤五　袖子工段

1. 做袖子

(1) 袖子表布工艺

① 拼合后袖缝、归拔整理(图 1 - 5 - 42):由于小袖片的后袖缝相对大袖片的后袖缝略短,因此拼合后袖缝时小袖片在上、大袖片在下,让大袖片吃势均匀,主要分布在袖肘位置附近;用熨斗将后袖缝分开烫平,袖口贴边位置烫上 5 cm 宽的布衬斜条,向上折烫 4 cm 袖口贴边;大袖片前袖缝袖肘位置充分拔开,小袖片前袖缝袖肘位置略拔开,后袖缝袖肘位置拔开。

② 拼合前袖缝(图 1 - 5 - 43):拼前袖缝时大袖片在上、小袖片在下,注意缝线不能抽紧,始末位置对齐并倒回 3~4 针,袖肘刀眼对齐;用熨斗将前袖缝分开烫平,折好 4 cm 袖口贴边。

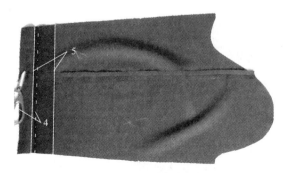

图 1 - 5 - 42　女西装拼后袖缝、归拔整理　　　　**图 1 - 5 - 43　女西装拼前袖缝**

（2）拼合袖子里布

参照袖子表布工艺，拼合袖子里布；袖子里布不用归拔整理，缝份不用分开烫平，两条缝份都一起倒向大袖片。

（3）袖子表、里勾合

① 做袖口贴边（图1-5-44）：

图1-5-44 女西装做袖口贴边

分别将做好的袖子表布和做好的袖子里布翻到里面，且前、后袖缝与袖口的位置都对应放置，将表布贴边套进里布袖口里面且毛边对齐。

表布贴边与里布袖口的表面相对，表布贴边与里布的前、后袖缝位置分别对齐，缝份控制在1 cm，将表布贴边与里布袖口均匀地车缝在一起。

为了让成衣以后的袖口贴边服帖平整，必须使贴边与袖片之间有固定联系，按照扣烫好的贴边折印，将车缝好的贴边缝份用三角针法固定在袖子表布的里面，三角针距控制在1 cm，缝线不能抽太紧。

② 袖子表、里固定（图1-5-45）：

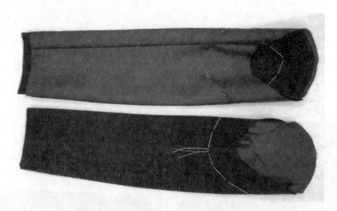

图1-5-45 女西装袖子表、里固定

做袖口贴边工艺完成后，将袖子里布与袖子表布套合在一起，注意前后袖缝位置分别对应，袖子里布向上拉起到袖口贴边露出1.5 cm左右为宜，折烫里布袖口。

为了将整理好的袖子里布与袖子表布的位置关系暂时固定，将袖子从里面翻出表面后，按照整理好的相对位置用手缝长针线沿袖山一圈将袖子表布与袖子里布缝合固定,注意控制缝线位置与袖山毛边的距离均匀且间距 5 cm 以上(为了不影响后续装袖子工艺操作)。

2. 装袖子

(1) 抽袖山吃势(图 1 - 5 - 46)

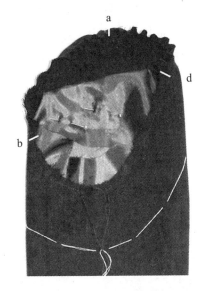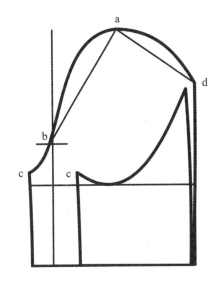

图 1 - 5 - 46　女西装袖山抽褶

① 检查袖山弧线:检查袖山弧线一周是否圆顺,尤其是前、后袖缝的过渡位置,情况不理想的要适当进行修剪;袖山对位点位置是否明确(前袖标 b′点、袖山顶点 a′点、后袖标 d′点)。

② 沿袖山弧线车缝一道:从袖山底部开始沿袖山车缝一周,始、末位置取消倒回针,留线头;针码不能太大,控制针距在 15～18 针/3 cm;距离毛边止口控制 0.8 cm 左右,以不超过装袖子车缝的止口宽度为宜;通过调整夹线器将表面缝线的张力故意调紧,有利于抽吃势,记得正常车缝时回复原位。

③ 拉住表面缝线抽吃势:分别拉住车缝始、末位置两头的表面缝线,由袖山底部开始抽吃势并将吃势量向袖山顶部推;参照平面结构制图中袖山与袖窿的匹配关系,使吃势量分布合理:大袖片袖山顶点靠后的 a′d′段吃势量 0.9 cm 相对最多(由于距离短),大袖片袖山顶点靠前的 a′b′段吃势量 0.9 cm 相对次之(由于距离长),整个小袖片的 c′d′段 0.7 cm 相对有一定的吃势量(由于距离更长),大袖片前面底部的 b′c′段没有吃势。

④ 两边袖子的袖山抽吃势同时操作,要十分注重两个袖山抽吃势情况的对称性。

⑤ 假缝:袖山吃势抽得差不多了,要和衣身袖窿对应位置贴合进行假缝,用手缝平针法将袖山与袖窿缝合,针距为 0.8 cm 左右,缝份控制与抽袖山吃势的缝线对齐。两边袖山假缝后将衣身穿上人台,检查判断假缝情况:一是袖山与袖窿每一段对应位置的吃势情况是否抽到位,袖山顶部不能出现明显褶皱,袖山两侧不能出现猫须;二是两边袖子相对于衣身的位置是否左右对称,从衣身侧面看不能出现两只袖子的袖口一前一后。

图 1-5-47　女西装装袖山

（3）装袖山条

① 准备袖山条（图 1-5-48）：袖山条的材质宜取质地舒软蓬松的针刺棉或花呢料，取本色布料也可以；袖山条尺寸的宽度约为 5 cm，长度等于袖窿结构图中的（ab 弧线＋ad 弧线）＋5 cm；袖山条的丝缕宜取斜丝缕或横丝缕。

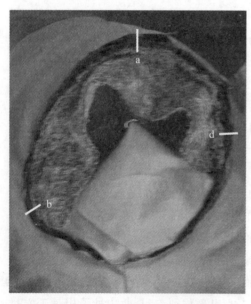

图 1-5-49　女西装车缝袖山条

⑥ 根据假缝情况对袖山吃势情况作进一步的确认和调整，同样要十分注重左右袖子的对称性；直到假缝合适。

（2）装袖山（图 1-5-47）

① 检查袖窿弧线：检查袖窿弧线是否圆顺，尤其是前、后片肩缝的过渡位置，情况不理想的要适当进行修剪；袖窿对位点位置是否明确（前袖标 b、袖山顶点 a、后袖标 d）。

② 车缝袖山与袖窿：将假缝好的袖山与袖窿进行车缝固定，车缝时袖山在上、袖窿在下，一般选择前袖山的袖标 b 点开始车缝一周并接缝牢固；注意缝份控制均匀，整个袖窿车缝圆顺。

③ 烫袖山吃势：袖山与袖窿车缝完成后，将袖山反扣在大小合适的圆形烫墩上（布料表面与烫墩相对），利用烫墩的馒头造型将袖山吃势鼓出来，在袖山布料反面将袖山吃势烫均匀，有利于袖山吃势外观饱满的造型。

图 1-5-48　女西装袖山条

② 车缝袖山条（图 1-5-49）：袖山吃势烫好后，将袖山条与烫袖山吃势的这一面贴合在一起，袖山条边与袖窿缝份边对齐；袖山条往前袖窿一侧超过前袖标位置 b 点 2~3 cm，往后袖窿一侧超过后袖标位置 d 点 2~3 cm。

车缝时袖窿在上、袖山条在下，骑着袖窿装袖山的止口线，从前袖窿的袖标 b 点车缝到后袖窿的袖标 d 点，两点以外分别有一段 2~3 cm 的袖山条留活不缝。

（4）装肩棉

① 准备肩棉（图 1-5-50）：准备左右对称的女西装肩棉一对，肩棉中心位置的厚度约为 1 cm，肩棉居中位置的宽度修剪到女西装肩缝的宽度，肩棉齐袖窿的一边要修剪成与袖窿对应位

置匹配的弧形。

② 钉肩棉：袖山条装好后开始钉肩棉，肩棉位置在衣身肩部的表布与里布之间，从衣身表面看，肩棉的窝势应该与肩部的窝势方向一致。

肩棉的固定有两道手缝线：第一道线是在肩棉的居中位置将肩棉与衣身表布肩缝的缝份之 间缝住，第二道线是将肩棉与袖窿缝份齐边对齐并用平针法缝住。

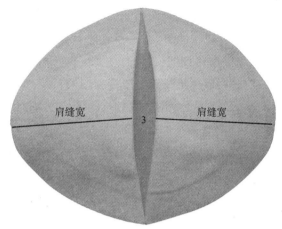

图 1 - 5 - 50　女西装肩棉准备

由于肩棉相对比较松软，为防止缝好的肩棉外观不平整，缝肩棉的每一针线不能抽太紧。

图 1 - 5 - 51　女西装扎袖窿里布

(5) 扎袖窿里布（图 1 - 5 - 51）

肩棉钉好开始扎袖窿里布。

① 衣身里布向外翻出，将衣身套穿在人台上，整理好肩部、背部、胸部及下摆、侧缝位置，使里布与表布的肩缝、侧缝、前袖标、后袖标位置对齐；在保证里布衣身相对于表布衣身位置平衡的大前提下，将里布的袖窿边与表布袖窿缝份的边基本对齐。

② 用手缝针穿单股线将里布的袖窿固定在表布袖窿缝份上，注意缝线位置距离袖窿止口 0.8～0.9 cm 控制均匀，里布与表布的松紧控制均匀，针距控制在 1 cm 左右。

(6) 缝里布袖山（图 1 - 5 - 52）

袖窿里布扎好开始缝里布袖山。

① 抽里布袖山吃势（参照袖子表布的抽袖山吃势）：从袖子里布的袖山底部开始沿袖山车缝一周，始、末位置取消倒回针，留线头；针码不能太大，控制针距 3 cm 15～18 针，距离毛边止口控制在 0.8 cm 左右；通过调整夹线器将表面缝线的张力故意调紧，有利于抽吃势，记得正常车缝时回复原位；分别拉住车缝始、末位置两头的表面缝线由袖山底部开始抽吃势并将吃势量向袖山顶部

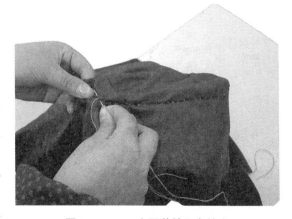

图 1 - 5 - 52　女西装缝里布袖山

推;参照平面结构制图中袖山与袖窿的匹配关系,将吃势量分布合理。

②　缝里布袖山:里布袖山吃势基本抽好后,将衣身袖窿里面朝外放在圆形烫墩上有利于手缝操作;袖山里布与袖窿里布表面相对,将袖山里布车缝线与扎袖窿的缝线对齐,骑着扎袖窿缝线,用暗操针将里布袖山与袖窿缝合在一起,针距在 0.4 cm 左右,缝线尽量不外露;前、后袖标位置对齐,肩缝、侧缝位置与表布对齐;注意整个袖山相对于袖窿的松量控制均匀,整个袖窿弧线控制圆顺。

自此,女西装表布、里布、表里勾合、领子、袖子工段均告完成,将做好的衣服套穿在人台上进行外观整理。

五、任务评价

(一)评价方案

评价指标	评　价　标　准	评价依据	权重	得分
结构设计	A:号型规格表格式、内容正确,放松量设计合理;衣身结构制图步骤正确,袖子与衣身袖窿结构匹配,领子与衣身领圈结构匹配,结构合理,线条清楚。 B:号型规格表格式、内容基本正确,放松量设计较合理;衣身结构制图步骤基本正确,袖子与衣身袖窿结构基本匹配,领子与衣身领圈结构基本匹配,结构基本合理,线条较清楚; C:号型规格表格式、内容欠缺,放松量设计欠合理;衣身结构制图步骤欠正确,袖子与衣身袖窿结构欠吻合,领子与衣身领圈结构欠吻合,结构欠合理,线条欠清楚	成品号型规格表;1:1衣身制图;1:1袖子制图 1:1领子制图	20	
纸样设计与制作	A:前片、后片、领子、挂面纸样结构处理合理正确;表布纸样制作齐全,里布纸样、净样板制作基本齐全,结构合理,标注清楚; B:前片、后片、领子、挂面纸样结构处理基本合理正确;表布纸样制作基本齐全,里布纸样、净样板制作基本齐全,结构基本合理,标注基本清楚; C:不能正确进行前片、后片、领子、挂面纸样结构处理;不能正确合理地进行表布纸样制作;不能正确合理地进行里布纸样制作、净样板制作	前片、后片、领子、挂面纸样结构处理;表布纸样;里布纸样;净样板	15	

(续表)

评价指标	评 价 标 准	评价依据	权重	得分
样衣制作	A：能合理进行女西装面料、里料、辅料的检验、整烫、整理；能根据操作正确性、便利性合理铺料；排料方法正确，裁片丝缕正确，最大限度节省长度方向用料；裁剪顺序、方法合理，裁片丝缕、正反面正确，裁片与纸样吻合；表布工段、里布工段、表里勾合工段、领子工段、袖子工段工艺方法正确，工艺符合质量要求；锁眼、钉扣位置合理，大小匹配； B：能基本合理进行女西装面料、里料、辅料的检验、整烫、整理；铺布方式基本正确；排料方法基本正确，裁片丝缕基本正确，节省长度方向用料；裁剪顺序、方法较合理，裁片丝缕、正反面较正确，裁片与纸样较吻合；表布工段、里布工段、表里勾合工段、领子工段、袖子工段工艺方法基本正确，工艺基本符合质量要求；锁眼、钉扣位置较合理，大小基本匹配； C：面料、里料、辅料正反面不分，整烫不到位或没整烫，铺料欠平整，正反面不合理，布边不齐；排料顺序、方法欠合理，不能做到合理节省用料；裁剪顺序、方法欠合理，裁片丝缕、正反面欠正确，裁片与纸样欠吻合；表布工段、里布工段、表里勾合工段、领子工段、袖子工段工艺方法欠正确，工艺质量要求有较大偏差；锁眼、钉扣位置欠合理，大小有较大偏差	女西装面料、里料、辅料的整理；女西装铺料操作；女西装排料；女西装面、辅料裁剪；女西装缝制工艺；女西装锁眼、钉扣	35	
课堂纪律	A：上课认真，态度端正； B：上课较认真，态度较端正； C：常有迟到、早退、缺课现象，不遵守课堂纪律	课堂表现	10	
学习习惯	A：上课准备充分，作业认真及时； B：上课准备较充分，作业基本认真及时； C：上课不准备，不能认真及时完成作业	课前及课后作业表现	10	
岗位习惯	A：积极做好卫生工作，按规定进行操作； B：能做好卫生工作，基本按规定进行操作； C：不能做好卫生工作，不能按规定进行操作	课堂及课后表现	10	
总　分				

（二）样衣制作质量细则

<h2 style="text-align:center">女西装质量评分表</h2>

项目	序号	质量标准	轻缺陷	扣分	重缺陷	扣分	严重缺陷	扣分
规格 （10分）	1	衣长规格正确不超极限偏差±1.0 cm	超偏差50%内		超50%～100%内		超100%以上	
	2	胸围规格正确不超极限偏差±2.0 cm	超偏差50%内		超50%～100%内		超100%以上	
	3	肩宽规格正确不超极限偏差±0.8 cm	超偏差50%内		超50%～100%内		超100%以上	
	4	袖长规格正确不超极限偏差±0.8 cm	超偏差50%内		超50%～100%内		超100%以上	
	5	袖口规格正确不超极限偏差±0.3 cm	超偏差50%内		超50%～100%内		超100%以上	
领 （20分）	6	领面平服，顺直，端正	轻不平服，顺直		重不平服，顺直			
	7	领角左右对称，大小一致，不返翘	互差0.2 cm，反翘		互差＞0.3 cm，重反翘		互差＞0.5 cm	
	8	驳角左右对称，大小一致，串口顺直	互差0.2 cm，轻弯		互差＞0.3 cm，重弯		严重不对称，平服	
	9	底领不外露，不起绺	轻外露，起绺		重露，起绺		严重外露绺	
	10	领面不反吐，止口	有		重反吐			
	11	绱领平服，无弯斜	有，弯斜＞0.5 cm		弯＞1.0 cm		弯＞1.5 cm	
	12	领窝平服，不起皱	有皱		重起皱		严重起皱	
	13	驳口顺直，位置正确，左右对称	轻不顺直，位置上/下＞1.5 cm/1.0 cm		重不顺直，位置上/下＞2.0 cm/1.5 cm		严重弯曲	
	14	挂面平服，宽窄一致，绲线顺直，松紧适宜	轻不平服顺直，互差＞0.3 cm		重弯曲，皱，反翘			
	15	竖开刀顺直平服，左右对称	左右互差0.5 cm		重弯曲，互差＞1.0 cm			
门里襟与袋 （20分）	16	门里襟平服，顺直	轻不平服，顺直		重不平服，顺直		严重弯斜	
	17	门里襟长短一致	门长里＞0.4 cm		门长里＞0.7 cm，门短于里襟		互差＞1.0 cm	
	18	门里襟止口不反吐	有反吐		重反吐		全部反吐	
	19	袋位高低进出一致	互差0.5 cm以上		互差＞0.8 cm			
	20	口袋平服，大小一致，袋盖止口不反吐	袋口，袋盖互差＞0.4 cm，轻反吐		＞0.8 cm，重反吐			
	21	贴袋与袋盖窝服，绲线顺直，牢固	轻不平服，弯		重不平服，弯		严重弯斜	
	22	袋嵌线狭宽一致，袋角方正	互差＞0.4 cm，轻不方正		互差＞0.2 cm，重不方正		互差＞0.3 cm，严重毛出，不方正	

(续表)

项目	序号	质量标准	轻缺陷	扣分	重缺陷	扣分	严重缺陷	扣分
肩胸 (10分)	23	肩部平服,肩缝顺直	轻不平服,弯		重弯,绉			
	24	小肩窄宽左右一致	互差>0.4 cm		互差>0.7 cm			
	25	胸省平服,顺直,左右对称	不顺直,平服 互差>0.5 cm		起泡, 左右互差>0.4 cm			
	26	胸部丰满挺括,位置适宜	轻,不对称		重不对称丰满			
腰部 (12分)	27	胸省位置适宜,大小左右对称	长短互差>0.5 cm 左右互差>0.4 cm		长短互差>0.8 cm 左右互差>0.7 cm			
	28	腰部,摆部平服顺直	轻不平服		重不平服			
	29	腰省(胁)平服顺直长短左右对称	长短互差>0.5 cm 左右互差>0.4 cm		长短互差>0.8 cm 左右互差>0.7 cm			
袖 (12分)	30	装袖圆顺,顺势均匀	轻不圆顺均匀		重绉			
	31	两袖前后适宜,左右一致	一只前后		二只前后		严重弯斜	
	32	两袖不翻不吊	有翻,吊		二只均有			
	33	袖缝线顺直,平服	轻 不顺直		严重弯曲			
	34	袖衩、扣左右一致,袖方向均匀对称	衩、扣 互差>0.5 cm		两衩反向			
里子底边 (8分)	35	面与夹里松紧一致,袖方向均匀对称	轻不一致 面与夹里未固定一处		里距底边, 袖口<0.5 cm, 面与夹里未固定二处		里子外露,面与夹里未固定	
	36	底边顺直,窄宽一致	宽窄互差>0.4 cm		>0.5 cm		严重弯斜	
	37	无里底边花绷针脚均匀不外露	起皱,外露		针脚 3 cm<5 针			
整洁与牢固 (8分)	38	领驳头大身袋、袖、背符合对格要求	1处		2处		多处	
	39	针码>12针/3 cm(明线)	少于12针					
	40	领面有浮线,极光	浮线1处		极光,浮线多于2处			
	41	产品整洁无线头,污渍	有		表面2根线头,里面4根线头,污渍在 2 cm² 以内			
	42	无断线或轻微毛脱	长度<0.5 cm		>0.5 cm,<1.0 cm			
100		合　计						

(续表)

备注：

一、出现下列情况扣分标准如下：

　　1. 凡各部位有开、脱线长度＞1 cm 以上应扣 3～5 分，部位是：＿＿＿＿＿＿＿＿＿＿＿＿＿＿

　　2. 严重污渍，表面在 2 cm² 以上扣 4～8 分，部位是：＿＿＿＿＿＿＿＿＿＿＿＿＿＿＿＿＿

　　3. 丢工、缺件，做错工序，各扣 4～8 分，部位是：＿＿＿＿＿＿＿＿＿＿＿＿＿＿＿＿＿

　　4. 烫黄、变质、残破，各扣 4～15 分，部位是：＿＿＿＿＿＿＿＿＿＿＿＿＿＿＿＿＿＿

　　5. 黏合衬严重起泡、脱胶、渗胶扣 3～5 分，部位是：＿＿＿＿＿＿＿＿＿＿＿＿＿＿＿

　　说明：凡在备注中出现的扣分规定中的项和细则中各序号中的项目相同，如同时出现质量问题，不再重复扣分(在此扣除原细则序号中的扣分)。

二、轻缺陷扣 1 分、重缺陷扣 2 分、严重缺陷扣 3 分。

考核 结果	质量：应得 100 分。扣＿＿＿＿分，实得＿＿＿＿分。	评分记录	

六、实训练习

（一）题目：按款式要求完成一款基本型女西装结构设计与工艺。

（二）要求：

1. 能抓住款式和材料特点进行款式结构分析；

2. 能合理进行结构设计；

3. 能合理进行纸样设计与制作；

4. 能参照质量要求进行样衣制作。

任务六　休闲套装上衣结构设计与工艺

一、任务目标

1. 以休闲套装上衣典型款式为例,掌握普通套装类女上衣的款式特点与结构特征。
2. 会制订普通套装类女上衣的号型规格表。
3. 会进行普通套装类女上衣结构制图。
4. 会进行普通套装类女上衣的纸样设计与制作。
5. 以休闲套装上衣为例,会进行普通套装类女上衣面辅料整理。
6. 以休闲套装上衣为例,掌握套装类女上衣的铺布、排料及裁剪工艺。
7. 掌握休闲套装上衣表布的缝制工艺。
8. 掌握休闲套装上衣里布的缝制工艺。
9. 掌握休闲套装上衣的表、里勾合工艺。
10. 以休闲套装上衣为例,掌握普通套装类女上衣工艺流程。

二、任务描述

　　以休闲套装上衣典型款式为例,引导学生进行款式特点分析,在此基础上进行普通套装类女上衣的结构特征分析;以现行国家标准的女子中间体为例,在其主要控制部位号型规格的基础上引导学生进行放松量设计,规范合理地制订成品号型规格表;围绕修身型女上装省道结构原理与运用技巧,在成品号型规格表的基础上引导学生进行平面结构制图,并在此基础上进行纸样设计与纸样制作。

　　以休闲套装上衣典型款式为例,根据款式要求进行面辅料的配置与整理;根据上一个任务制作完成的休闲套装上衣典型款式纸样,合理进行铺布、排料、裁剪工艺;依据普通套装类女上衣工业化生产工艺流程及相关质量技术要求,指导学生完成休闲套装上衣表布工艺、里布工艺及表、里勾合工艺,并在此基础上进一步完成后整理、锁眼钉扣及成品质量检验工作。

三、相关知识点

1. 休闲套装上衣的款式结构分析要点。
2. 休闲套装上衣的放松量设计要点。
3. 休闲套装上衣的衣身结构制图思路与步骤。

4. 休闲套装上衣的领子结构制图思路与步骤。

5. 休闲套装上衣的袖子结构制图思路与步骤。

6. 休闲套装上衣前片、后片纸样设计原理与技巧。

7. 休闲套装上衣纸样制作的相关知识。

8. 休闲套装上衣面、辅料配置的相关性。

9. 休闲套装上衣面、辅料整理要点。

10. 普通套装类女上衣工业化生产工艺流程。

11. 普通套装类女上衣相关质量技术要求。

12. 休闲套装上衣表布工艺、里布工艺以及表里勾合工艺的相关性。

四、任务实施

过程一　款式结构分析

前、后衣片都有从肩缝开始的纵向公主线分割,衣身结构从前中心到后中心共有四片,故称为四开身衣身结构;后片衣长在臀围线以上,前片有从肩缝分割的公主线进行突出胸部和吸腰造型,因此要考虑将胸省转移到肩省,侧缝有腰省进行吸腰造型,后片有公主线分割进行吸腰造型,因此衣身为修身型;戗驳头西装领,领脚分割使领圈更符合脖子的造型,门襟一粒中号西装钮扣,门襟向下两侧倾斜分叉,下摆方角。后中心开叠门衩。

过程二　结构设计

(一)成品号型规格设计

1. 号型规格表(单位:cm)

休闲套装上衣成品号型规格如下表所示:

休闲套装上衣款式

面料:11076 涤棉衬衫布

辅料:20 g 无纺衬

1.2 cm 直径衬衫钮扣

号型	肩宽	胸围	腰围	摆围	前衣长	后中长	袖口	袖长
160/84A	39	92	76	96	58	53	13	58

2. 放松量设计

肩宽基本为自然全肩宽,略加 1 cm 松量,胸围放松量 8 cm,胸腰差 16 cm,下摆前低后高,后中衣长至臀围线上 3 cm,臀围放松量 6 cm 左右,袖长 58 cm,在全袖长的基础上略加长。

(二)结构制图

步骤一　衣身结构制图要点(先后片再前片,如图 1-6-1 所示)

1. 后片结构

① 后中心线:后中长 53 cm。

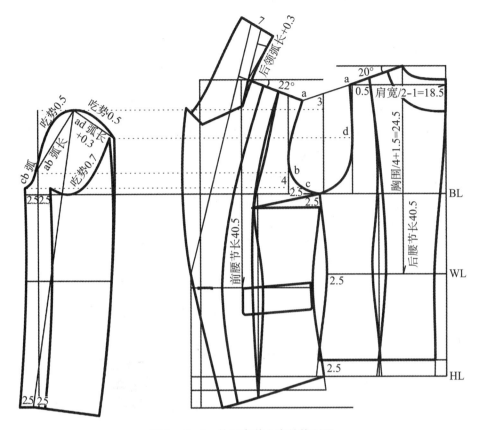

图 1－6－1　休闲套装上衣结构制图

② 腰节线：背长 38 cm。

③ 后横开领：净胸围/12＋1.5 cm＝8.5 cm。（注：净胸围/12 为原型横开领,刚好位于女子中间体的侧颈点位置）

④ 后直开领：2.4 cm。

⑤ 肩斜角度是肩线与水平方向所成的夹角：后片 20°。

⑥ 后片肩端点：肩宽/2－1 cm＝18.5 cm。

⑦ 后片胸围线位置从侧颈点向下量：成衣胸围/4＋1.5 cm＝24.5 cm。

⑧ 后背宽线：肩端点进 0.5 cm。

⑨ 后中心分割线在腰围线上吸腰 2.5 cm,向下到臀围线位置又向外劈出 0.5 cm 左右。

⑩ 后片胸围：成衣胸围/4＝23 cm。

⑪ 公主线从肩缝位置向下分割,在腰围线上基本将腰围平分成两份。

2. 前片结构

① 延长后片胸围线量前片胸围：成衣胸围/4＝23 cm,确定前中心线。

② 侧缝腋下位置预留胸省 2.5 cm。

③ 后片腰节线下降 2.5 cm 位置确定前片腰节线。（注：出于腰节以上前后片侧缝长度相等的考虑）

④ 后片衣长线下降 2.5 cm 位置确定前片衣长线。(注：出于腰节以下前后片侧缝长度相等的考虑)

⑤ 依据前腰节长＝后腰节长(从后片侧颈点量到后腰节线)，确定前片侧颈点高度。(注：腰节长是从侧颈点垂直量到腰节线的距离)

⑥ 前横开领：后横开领＋1 cm＝9.5 cm(其中 1 cm 是前片撇胸量)。

⑦ 驳领串口高：6 cm 左右。(注：当前直开领为 7 cm 左右，刚好位于女子中间体的前颈点位置)

⑧ 肩斜角度是肩线与水平方向所成的夹角：后片 22°。

⑨ 前小肩＝后小肩－0.5 cm；(0.5 cm 是后肩缝吃势)。(注：小肩是指衣片肩线的长度)

⑩ 前胸宽线：前胸宽＝后背宽－1 cm。

⑪ 前下摆降低：前中心向下加长 1～1.5 cm。

3. 吸腰量

① 后中心腰省 2.5 cm。

② 后公主线腰省 2.5 cm(分割线两边腰围距离均衡)，到臀围线位置分割线交叉重叠 1 cm 左右。

③ 前公主线腰省 2 cm(分割线两边腰围距离均衡)。

④ 前侧缝腰省 1.5 cm，后侧缝腰省 1 cm。

4. 领圈与袖窿

① 肩缝拼合后前后领圈能顺利过渡。

② 肩缝拼合后前后袖窿能顺利过渡。

步骤二 领子结构制图要点

① 领子内圈弧线＝后领圈弧线＋前领圈弧线。

② 后领高 7 cm，其中领座 2.8 cm、领面 4.2 cm。

③ 驳头宽 8.5 cm 左右。

④ 领角 3 cm。

⑤ 驳角 4.5 cm。

步骤三 袖子结构制图要点(采用套袖窿制图法)

① 袖山高：从前后片肩端点连线中点垂直量到胸围线的距离，再减掉 3 cm。

② 前袖标高 4 cm 左右，偏袖量 2.5 cm。

③ 后袖标取后袖窿高/2 位置点。

④ 袖山吃势 1.5 cm 左右，以袖山顶点分界，大袖片前段吃势 0.5 cm 左右、后段吃势 0.5 cm 左右，小袖片吃势 0.5 cm 左右。

过程三 纸样设计与制作

(一)纸样处理

1. 前片纸样处理(图 1-6-2)

采用纸样剪切法，将预留的 2.5 cm 胸省转移到袖窿省，刚好包含在袖窿公主分割线中，

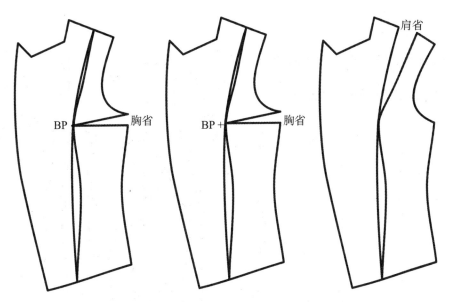

图 1-6-2　休闲套装上衣前片纸样处理

然后将分割线重新修正划顺。

2. 后片纸样处理(图 1-6-3)

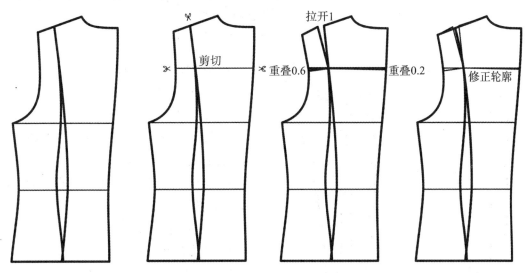

图 1-6-3　休闲套装上衣后片纸样处理

① 肩部纵向剪切后拉开 1 cm,肩宽回到正常位置。

② 袖窿处横向剪切后重叠 0.6 cm 左右,袖窿弧线缩短,减少背部袖窿富余量。

③ 后背中心横向剪切后重叠 0.3 cm 左右,后中长在背部略缩短,减少后中心背部富余量。

④ 修正肩缝、袖窿、后中心轮廓线。

（二）纸样制作

1. 表布纸样制作（图1-6-4）

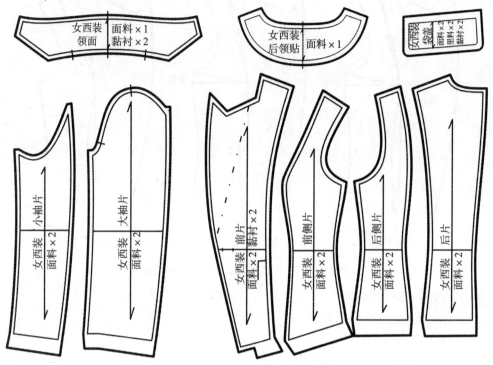

图1-6-4　休闲套装上衣表布纸样制作

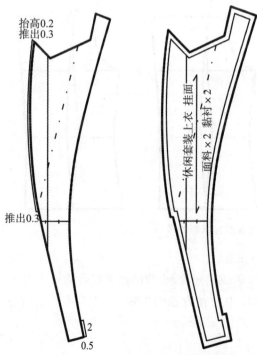

图1-6-5　休闲套装上衣挂面纸样制作

① 袖口贴边、下摆贴边各放缝3.5cm。

② 其余部位各放缝1cm。

③ 对位刀眼：

a. 领子与领圈三刀眼位置：左肩缝、后中心、右肩缝；

b. 袖子与袖窿三刀眼位置：前袖窿（单刀眼）、肩缝、后袖窿（双刀眼）；

c. 衣身腰节位置；

d. 门襟折边位置。

2. 挂面纸样制作（图1-6-5）

① 门襟翻驳点位置水平方向加放0.3cm（考虑沿翻折线折转后驳头部分的里外匀量）。

② 驳角最外点随翻驳点水平加放0.3cm，同时向上抬高0.2cm左右。

③ 为了把挂面接里布一边的底部角落

做得干净平整,接里布一边底部加放出长方形的一角,高约 4 cm,宽约 0.5 cm。

④ 在净缝线基础上挂面四周均匀放缝 1 cm。

⑤ 接里布腰围线位置打刀眼。

3. 里布纸样制作(图 1-6-6)

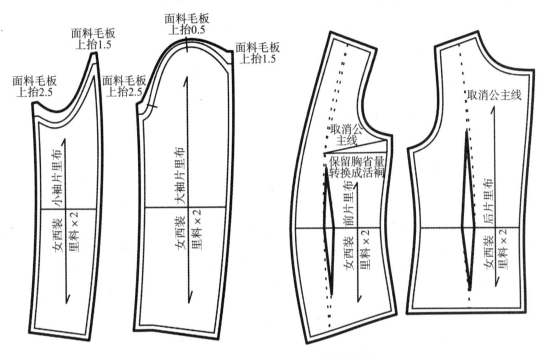

图 1-6-6　休闲套装上衣里布纸样制作

① 袖口贴边、下摆贴边各放缝 3.5 cm。

② 其余部位各放缝 1 cm。

③ 对位刀眼：

a. 领子与领圈三刀眼位置：左肩缝、后中心、右肩缝；

b. 袖子与袖窿三刀眼位置：前袖窿(单刀眼)、肩缝、后袖窿(双刀眼)；

c. 衣身腰节位置；

d. 门襟折边位置。

4. 净样板制作(图 1-6-7)

① 前片；

② 挂面；

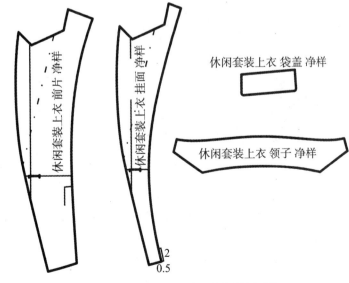

图 1-6-7　休闲套装上衣净样板制作

③ 袋盖;

④ 领子。

过程四　样衣制作

(一)面料整理

将面料门幅居中对折、正面相对、两布边对齐,在烫台上放平,将熨斗调到合适温度,打开蒸汽开关沿经纱方向来回按次序熨烫面料,注意控制熨斗对面料的压力不能太重,以不移动面料为宜,蒸汽熨斗缓慢移动,以确保面料每个部位都被蒸汽熨斗充分熨烫;蒸汽熨斗烫完后,将面料放平晾干。

(二)铺布

将面料门幅居中对折双层铺料,正面相对,布边对齐,为方便排料与裁剪操作,将布边一侧靠近操作者身体一侧的桌子边,并且与桌子边平行,距离均匀 3～5 cm,这样即可以把桌子边看成是面料经纱方向。

(三)样板排料

1. 表布排料

休闲套装上衣表布的单件排料如图 1-6-8 所示。

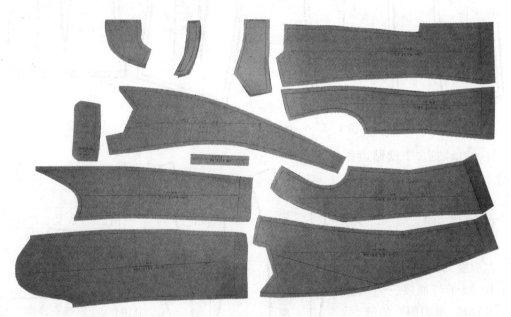

图 1-6-8　休闲套装上衣表布排料

① 表布门幅宽 140 cm;

② 铺布方式:表布门幅居中对折双层铺料,表布正面与正面相对;

③ 排料方法:

a. 先大后小:前片、前侧片、后片、后侧片、大袖、小袖、挂面等面积大的先排,领子、领贴、袋盖、嵌条等面积小的找空档穿插;

b. 保证裁片数量;

c. 保证样板丝缕线与面料经纱方向一致；

d. 尽量从裁片方向上保证整件衣服顺向一致；

e. 为避免经向色差，相邻裁片尽量在同一纬线方向排开；

④ 控制表布长度方向用料，休闲套装上衣用料长度为（表布衣长＋表布袖长）。

2. 里布排料

休闲套装上衣里布的单件排料如图 1-6-9 所示。

图 1-6-9 休闲套装上衣里布排料

① 里布门幅宽 140 cm；

② 铺布方式：里布门幅居中对折双层铺料，里布正面与正面相对；

③ 排料方法：

a. 里布样板只有前片、后片、大袖、小袖和袋布，因此将前、后片侧缝相对在同一纬线方向排开，大小袖片袖缝相对在同一纬线方向排开；

b. 保证裁片数量；

c. 保证样板丝缕线与面料经纱方向一致；

d. 保证裁片顺向一致；

④ 控制里布长度方向用料，休闲套装上衣里布用料长度为（里布衣长＋里布袖长）

里布门幅为 140 cm，用料为衣长＋袖长。

（四）裁剪

1. 表布裁片（图 1-6-10）

裁片数量：（单位：片）

后片×2，后侧片×2，注意对称性；前片×2，前侧片×2，注意对称性；大袖片×2，小袖片

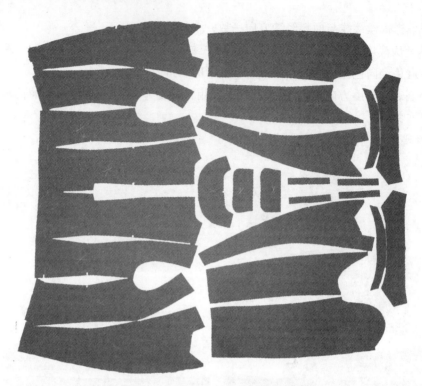

图 1-6-10 休闲套装上衣表布单件裁片

×2,注意对称性;领面×2,领脚×2,注意对称性;袋盖×2,袋嵌条×4,注意对称性;挂面×
2,注意对称性;领贴×1。

2. 里布裁片(图 1-6-11)

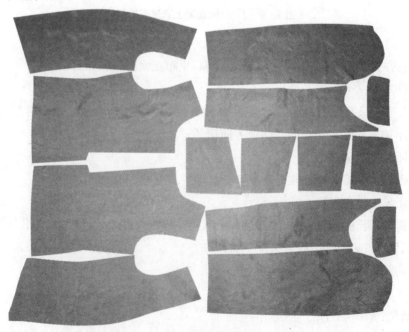

图 1-6-11 休闲套装上衣里布单件裁片

裁片数量：（单位：片）

前片×2,后片×2,注意对称性;大袖片×2,小袖片×2,注意对称性;袋盖×2,袋布×4,注意对称性。

3. 黏衬（图1-6-12）

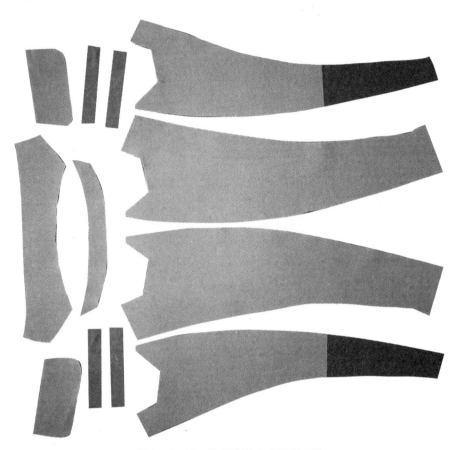

图1-6-12 休闲套装上衣黏衬裁片

黏衬数量：（单位：片）

挂面×2(挂面用20g无纺衬黏到翻驳点以下5cm即可);前片×2(整个前片用30g布衬);领面×2(里布用30g布衬取45°斜丝缕,表布两角用30g布衬取45°斜丝缕);领脚×1(表布用30g布衬);袋盖×2(里布用20g无纺衬);袋嵌条×4(表布用20g无纺衬)。

（五）缝制工艺

步骤一 表布工段

1. 前片拼合工艺

① 烫黏衬：前片整片用粘合机烫上布衬。

② 拼合公主线：前侧片在上,前片在下,腰节位置刀眼对齐;始、末位置对齐,注意胸部弧线控制均匀。

③ 烫缝份：用熨斗将公主线缝份分开烫平。

④ 为了有利于衣片定型,自此以后的每个操作步骤中,当每个衣片、袖片的工艺完成时,都应该将衣片吊挂起来。

2. 后片工艺

① 拼合公主线:后侧片在上,后片在下,腰节位置刀眼对齐;始、末位置对齐,注意背部弧线控制均匀。

② 拼合后中缝:腰节位置刀眼对齐;始、末位置对齐,注意上下两层松量控制均匀。

③ 烫缝份:用熨斗将公主线缝份分开烫平。

3. 开袋工艺

(1) 做袋盖(图 1-6-13)

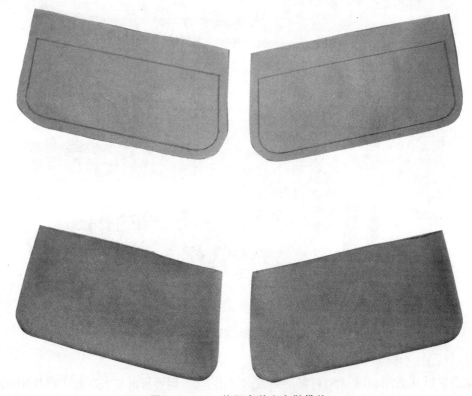

图 1-6-13 休闲套装上衣做袋盖

① 袋盖里布烫上无纺衬;在无纺衬上划袋盖净样;修剪缝份(三边 0.6 cm,装袋盖一边 2 cm)。

② 将袋盖表布放在修好的袋盖里布下面,按袋盖里布修剪袋盖表布(注意三边表布修大 0.3 cm,装袋盖一边修齐),有利于袋盖表布和里布形成里外匀。

③ 勾袋盖:袋盖里布在上,袋盖表布在下,上下两层齐边按净样兜绱袋盖,注意控制袋盖表布吃势均匀;装袋盖一边不缝。

④ 修烫缝份:将兜绱好的袋盖缝份齐净缝线向袋盖里布一侧绊倒扣烫,注意控制袋角圆顺;将缝份均匀修剪到 0.3 cm 左右。

⑤ 表里运返：按扣烫线将袋盖翻到表面；用熨斗整烫袋盖，注意止口圆顺。

（2）车缝袋嵌条（图1-6-14）

① 扣烫袋嵌条：将袋嵌条烫上无纺衬，修剪成长17 cm、宽2.5 cm长方形状；宽度对折扣烫，扣烫好的每根袋嵌条一边是毛边、一边是对折的光边；每个口袋两根共四根备用。

② 袋位贴黏衬：在袋位的布料反面烫上无纺衬，有利于袋口平整。

③ 车缝袋嵌条：用定位样板在两个前片上分别对称划好袋位；将扣烫好的两根袋嵌条毛边相对、按划好的袋位分别车缝到衣身袋嵌条部位，两条缝线分别控制袋嵌条居中位置；注意车缝起始点和划袋位线一致，倒回针3～4针，使袋角牢固。

④ 车缝两根袋嵌条的这两道线是两条平行的直线，且两条平行线之间的距离约等于1.2 cm，注意检查车缝线是否直，两道线是否平行，及时修正。

图1-6-14 休闲套装上衣车缝袋嵌条

（3）开袋、剪三角（图1-6-15）

① 开袋口：翻到前片里面，从两道车缝线中间开始剪开，剪开线与两道车缝线平行且居中。

② 剪三角：接着前道工序从中间向两边开袋口时，当开到距离袋角约1.5 cm时应停止，开始冲着两道平行线的起始点剪三角，将开袋口两端剪成"Y"形，注意剪透衣身布料，但不要将两道平行线起始点的车缝线剪断，以免袋口脱散。

（4）整烫袋嵌条（图1-6-16）

① 开袋、剪三角后，翻到前片表面将两根嵌条翻进口袋里面。

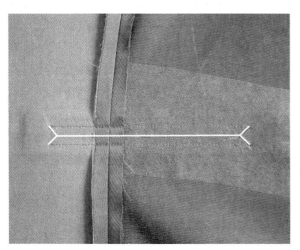

图1-6-15 休闲套装上衣开袋、剪三角

② 整烫上下两个袋嵌条，宽窄均匀，袋口平整，袋角方正。

（5）装袋盖（图1-6-17）

① 封三角：将袋嵌条整烫好，翻进口袋里面，在布料反面将袋角两端的三角布与嵌条一起缉缝牢固；注意封三角布时要调整好两根嵌条的松紧，一般下嵌条应略紧以防止袋口豁开，同时还要缉缝干净、牢固，使袋角不容易拉毛和脱散。

② 袋角两端封三角后翻回到口袋表面，将做好的袋盖塞进两根袋嵌条中间，注意刚好

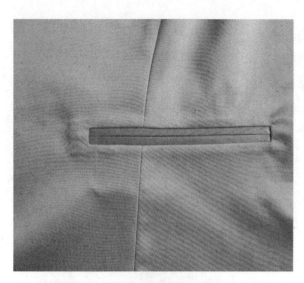

图 1-6-16 休闲套装上衣整烫袋嵌条

图 1-6-17 休闲套装上衣装袋盖

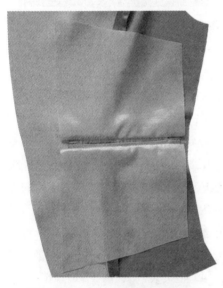

图 1-6-18 休闲套装上衣装袋布

使袋盖宽的净缝线齐着两根袋嵌条的中间,同时袋盖在袋口两端居中、松紧合适。

③ 固定袋盖:调整好袋盖位置后可以先在表面的上嵌条上车一道假缝线(拉长针距、方便拆线),以便能暂时固定袋盖,然后翻进口袋里面将袋盖与上嵌条的缝份一起车缝牢固,最后翻回到口袋表面可以将假缝线拆除。

(6) 装袋布(图 1-6-18)

① 装袋盖后翻进口袋里面,将两片口袋布分别与上、下嵌条的缝份车缝在一起,注意上嵌条缝份向上,下嵌条缝份向下。

② 车缝袋布的缝线位置可以骑着前一道车缝线;注意始、末位置倒回 3~4 针,车缝牢固。

(7) 兜缉袋布(图 1-6-19)

① 兜缉袋布:保持袋口平整,翻到里面将两片袋布的边缘尽量对齐,从袋角的一边开始兜缉袋布,经过袋布底部,又回到袋角的另一边;注意缉袋布底部的时候要翻到表面看一下袋口是否闭合平整(袋盖塞进袋口里面),不要因为大、小袋布深度松紧不合适而导致袋口豁口;还要注意车缝起始位置倒回针,使袋布兜缉牢固。

② 固定缝份:为防止兜缉好的袋布从袋口翻出来,应在袋布底部将袋布缝份与前片公主线的缝份之间固定,用手针缝三角针 2~3 针,注意手缝时线不能抽太紧;为了有利于袋口顺直定型,应将上嵌条的缝份修小并用手缝三角针将缝份绷直固定在衣身黏衬上,同样要注

意线不能抽太紧,避免表面出现针迹影响外观质量。

③ 封袋口:为防止在后续工艺操作中袋口拉开造成的不便,翻到口袋表面用三角针法将两根嵌条之间的袋口缝住,三角针针距约为 0.8 cm;当成衣工艺基本完成后,在合适的时候可以将三角针去除。

4. 拷合表布衣身(图1-6-20)

① 前衣身在上,后衣身在下,衣身表布正面相对,拼合左右侧缝及肩缝;连贯拼合顺序为侧缝、肩缝、肩缝、侧缝。

② 拼合侧缝时始、末位置对齐,腰节位置对齐。

③ 拼合肩缝时始、末位置对齐,注意后片肩缝的吃势控制均匀。

④ 分烫缝份:将四条缝份在烫墩上分开烫平。

自此,衣身表布工段完成;为保持衣身造型,应将做好的表布衣身挂穿在衣架上。

图1-6-19 休闲套装上衣兜缉袋布

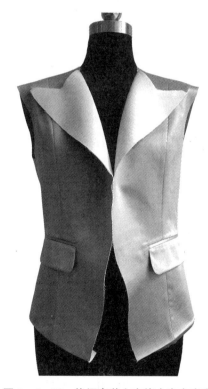

图1-6-20 休闲套装上衣拷合表布衣身

5. 做表布袖子

① 拼合后袖缝、归拔整理:由于小袖片的后袖缝相对大袖片的后袖缝略短,因此拼合后袖缝时小袖片在上、大袖片在下,让大袖片吃势均匀、主要分布在袖肘位置附近;用熨斗将后袖缝分开烫平,袖口向上折烫 3.5 cm 袖口贴边。

② 拼合前袖缝:拼前袖缝时大袖片在上、小袖片在下,注意缝线不能抽紧,袖肘刀眼对齐;用熨斗将前袖缝分开烫平,折烫好 3.5 cm 袖口贴边。

6. 表布装袖子

(1) 抽袖山吃势(图 1-6-21)

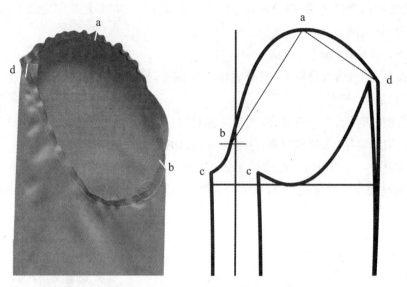

图 1-6-21　休闲套装上衣抽袖山吃势

① 检查袖山弧线：检查袖山弧线一周是否圆顺，尤其是前、后袖缝的过渡位置，情况不理想的要适当进行修剪；检查袖山对位点位置是否明确(前袖标 b′点、袖山顶点 a′点、后袖标 d′点)。

② 沿袖山弧线车缝一道：选择袖山底部开始沿袖山车缝一周，始、末位置取消倒回针，留线头；针码不能太大，控制针距为 15～18 针/3 cm；距离毛边止口控制 0.8 cm 左右，以不超过装袖子车缝的止口宽度为宜；通过调整夹线器将表面缝线的张力故意调紧，有利于抽吃势，记得正常车缝时回复原位。

③ 拉住表面缝线抽吃势：分别拉住车缝始、末位置两头的表面缝线由袖山底部开始抽吃势并将吃势量向袖山顶部推；参照平面结构制图中袖山与袖窿的匹配关系，将吃势量分布合理：大袖片袖山顶点靠后的 a′d′段吃势量 0.5 cm 相对最多(由于距离短)，大袖片袖山顶点靠前的 a′b′段吃势量 0.5 cm 相对次之(由于距离长)，整个小袖片的 c′d′段 0.5～0.7 cm 相对有一定的吃势量(由于距离更长)，大袖片前面底部的 b′c′段没有吃势。

④ 两边袖子的袖山抽吃势同时操作，要十分注重两个袖山抽吃势情况的对称性。

⑤ 假缝：袖山吃势抽得差不多了，要和衣身袖窿对应位置贴合进行假缝，用手缝平针法将袖山与袖窿缝合，针距为 0.8 cm 左右，缝份控制与抽袖山吃势的缝线对齐。两边袖山假缝后将衣身穿上人台，检查判断假缝情况：一是袖山与袖窿每一段对应位置的吃势情况是否抽到位，袖山顶部不能出现明显褶皱情况，袖山两侧不能出现猫须情况；二是两边袖子相对于衣身的位置是否左右对称，从衣身侧面看不能出现两只袖子的袖口有一前一后的情况。

⑥ 根据假缝情况对袖山吃势情况作进一步的确认和调整，同样要十分注重左右袖子的对称性；直到假缝合适。

（2）装袖山、袖山条（图1-6-22）

① 检查袖窿弧线：检查袖窿弧线是否圆顺，尤其是前、后片肩缝的过渡位置，情况不理想的要适当进行修剪；袖窿对位点位置是否明确（前袖标 b、袖山顶点 a、后袖标 d）。

② 车缝袖山与袖窿：将假缝好的袖山与袖窿进行车缝固定，车缝时袖山在上、袖窿在下，一般选择前袖山的袖标 b 点开始车缝一周并接缝牢固；注意缝份控制均匀，整个袖窿车缝圆顺。

③ 烫袖山吃势：袖山与袖窿车缝完成后，将袖山反扣在大小合适的圆形烫墩上（布料表面与烫墩相对），利用烫墩的馒头造型将袖山吃势鼓出来，在袖山布料反面将袖山吃势烫均匀，有利于袖山吃势外观呈饱满的造型。

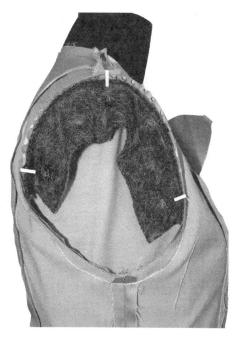

图1-6-22 休闲套装上衣装袖山、袖山条

④ 车缝袖山条：袖山吃势烫好后，将袖山条与烫袖山吃势的这一面贴合在一起，袖山条边与袖窿缝份边对齐；袖山条往前袖窿一侧超过前袖标位置 b 点 2~3 cm，往后袖窿一侧超过后袖标位置 d 点 2~3 cm；车缝时袖窿在上、袖山条在下，骑着袖窿装袖山的止口线，从前袖窿的袖标 b 点车缝到后袖窿的袖标 d 点，两点以外分别有一段 2~3 cm 的袖山条留活不缝。

自此，休闲套装上衣表布工段完成，为保持衣服造型，将做好的衣服表布挂穿在衣架上。

步骤二　里布工段

1. 里布衣身工艺（图1-6-23）

图1-6-23 休闲套装上衣里布衣身工艺

① 划省位：对称裁片两对称位置一起划，注意对称性。

② 收省：前片、后片分别车缝腰省，注意省尖部位收直，为防止省尖脱散，必须倒回针3～4针。

③ 打褶：腋下胸省采用打活褶，褶向朝下。

④ 烫省：后片腰省省缝倒向后中心；前片腰省省缝倒向侧缝。

⑤ 前片拼挂面：挂面在上、前片里布在下，上下两头位置对齐，腰节刀眼位置对齐，将挂面和前片里布均匀地缝合在一起；为了挂面底角工序的操作方便，注意挂面底部预留2.5 cm不车缝。

⑥ 后片拼领贴：先拼合后中缝，注意腰节刀眼对齐、上下对齐，缝份倒向任意一侧；领贴在上、后领圈里布在下，两头位置对齐，居中刀眼位置对齐，将领贴和后领圈里布均匀地缝合在一起。

⑦ 拷合里布衣身：前衣身在上，后衣身在下，衣身里布正面相对，拼合左右侧缝及肩缝；连贯拼合顺序侧缝、肩缝、肩缝、侧缝。前片里布拼挂面的缝份倒向侧缝，肩缝的缝份分开烫平；侧缝的缝份倒向后中心烫平；后中缝的缝份倒向左侧烫平（根据后中开衩方向）。

2. 里布袖子工艺（图1-6-24）

① 做袖子：先拼合后袖缝，小袖片在上、大袖片在下，让大袖片吃势均匀、主要分布在袖肘位置附近；再拼合前袖缝，大袖片在上、小袖片在下，注意缝线不能抽紧，袖肘刀眼对齐；用熨斗扣烫前、后袖缝缝份，倒向大袖片。

图1-6-24　休闲套装上衣里布袖子工艺

② 抽里布袖山：参照表布抽袖山吃势步骤，每段袖山弧线抽吃势与袖窿比对基本到位后即可，一般不用进行假缝操作。

③ 里布装袖山：参照表布装袖山步骤，一般不用进行烫袖山吃势及装袖山条操作。

自此，衣身里布工段完成；为保持衣服造型，也将做好的里布衣身挂穿在衣架上。

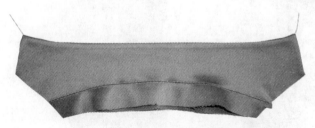

图1-6-25　休闲套装上衣做领子

步骤三　领子工段

1. 做领子（图1-6-25）

参照项目五女西装做领子工艺步骤，经过拼合面领、底领工艺，修剪面领、底领及勾领子工艺，修烫领子工艺，翻烫领子工艺，完成休闲套装上衣领子制作。

步骤四　表、里勾合工段

1. 勾合门襟、驳头、领圈

（1）勾合门襟、驳头（图1-6-26）

① 用净样板在衣身表布的前片和衣身里布的挂面上划净样，将领口、驳头、门襟的净样划在布料反面。

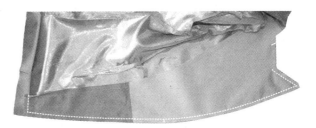

图1-6-26　休闲套装上衣勾合门襟、驳头

② 衣身表布与衣身里布表面相对，领口、驳头、门襟对应位置贴合对齐；前片在上，挂面在下，车缝门襟、驳头止口线；驳角位置、翻驳点位置、挂面底角位置对齐。

③ 掌握松紧吃势关系：翻驳点以上段挂面驳头、驳角略松，驳角吃势均匀，驳头吃势主要控制在靠近翻驳点的下2/3段；翻驳点以下段控制上下两层松紧适宜。

④ 为防止成衣后挂面底部有毛边外露，通常在勾合前先把挂面底部毛边折进0.5 cm左右，这样挂面底部就被折光了。

图1-6-27　休闲套装上衣勾合领圈

（2）勾合领圈、装领子（图1-6-27）

一边的门襟、驳头勾合完以后马上连接着装领子操作，然后接着勾合另一边的驳头、门襟。

① 将做好的领子夹入表布、里布的两层领圈中间，上、中、下三层止口对齐车缝领圈；注意装领子三刀眼（左肩缝、后中心、右肩缝）对齐，止口控制均匀；车缝到两边领圈拐角点（机针插在下面）时，抬起压脚、扳开缝份、剪刀头对着机针将领圈缝份剪开，这样在拐角处车缝就能顺利过渡且外观不容易起泡。

② 修剪缝份：从左门襟到领圈再到右门襟将止口均匀地修剪到0.6 cm左右。

（3）翻烫止口（图1-6-28）

① 将衣服从里面翻出表面。

② 在烫台上用熨斗扣烫左右两边的门襟、驳头止口：翻驳点以上挂面驳头略吐出0.1 cm；翻驳点以下前片门襟略吐出0.1 cm。

③ 缉助止口线：翻驳点以下缉在挂面门襟上，翻驳点以上缉在前片驳头上；考虑车缝操作方便，助止口线两头可空余2～3 cm。

图1-6-28　休闲套装上衣翻烫止口

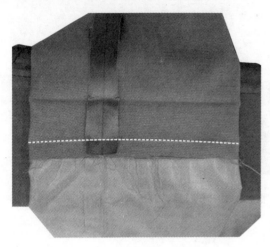

图1-6-29 休闲套装上衣勾合袖口

袖口贴边。

④ 最后将拉出的袖口翻回里面。

3. 勾合下摆(图1-6-30)

① 做下摆开衩：在衣服表面将开衩门襟边的表布与里布对齐、里襟边的表布与里布对齐，表布与里布表面相对分别车缝衩边，然后翻回衣服表面缉上封口线。

② 车缝下摆：从下摆部位翻进衣身的里面，在下摆部位将表布与里布

2. 勾合袖口(图1-6-29)

① 勾合门襟、驳头、领圈后，将里布袖子顺势放进表布袖子中，在袖口位置对齐表布和里布的前、后袖缝，然后从下摆位置伸手进入表布和里布中间将表布和里布的袖口按对齐的位置拉出车缝。

② 车缝时表布贴边与里布袖口的表面相对，一般表布在上、里布在下，前后袖缝位置分别对齐车缝一周，止口控制均匀，松紧关系控制均匀，里布松的话可在袖缝位置折细褶。

③ 车缝完毕将表布贴边沿烫折印翻起折平，在前、后袖缝的缝份位置用三角针法固定

图1-6-30 休闲套装上衣勾合下摆

相对应的侧缝、后中缝对齐，将表布的下摆贴边与里布的下摆车缝拼合；车缝时一般表布贴边在上、里布在下，根据表布来调整里布的松紧，里布宽松的情况下可在每个缝份里折细褶；为防止挂面底部里布不平，下摆两头预留2.5cm不缝。在后片合适位置预留10cm左右的下摆豁口，方便将衣服翻回表面后再封口。

③ 固定下摆贴边：为了让成衣以后的下摆贴边比较服帖平整，按照扣烫好的下摆贴边折印，在表布缝份位置将车缝好的下摆贴边用三角针法固定；下摆贴边的三角针做好后，将整个衣身从预留的下摆豁口部位翻回到衣身表面。

4. 封下摆豁口、封挂面底角

① 封下摆豁口(参照项目四收省女马甲工艺)：在下摆贴边表面拿住预留豁口的两端，用单股线的暗缲针将里布缲在表布的贴边上；注意暗缲针控制针距0.5cm左右，起始位置的线头不要留在外面。

② 封挂面底角(参照项目五女西装工艺)：在衣身表面将挂面底角的里布向上折进整理平整，将挂面底角处的表、里两层整理平整，拿住挂面底角用单股线的撩针法封底角，针距为0.1~0.2cm，将挂面与表布贴边缝在一起；注意控制缝线不松不紧，起始位置的线头不要留

在外面。

自此,休闲套装上衣表布、里布、领子、表里勾合工段均告完成,将做好的衣服套穿在人台上进行外观整理。

五、任务评价

（一）评价方案

评价指标	评 价 标 准	评价依据	权重	得分
结构设计	A：号型规格表格式、内容正确,放松量设计合理;衣身结构制图步骤正确,袖子与衣身袖窿结构匹配,领子与衣身领圈结构匹配,结构合理,线条清楚; B：号型规格表格式、内容基本正确,放松量设计较合理;衣身结构制图步骤基本正确,袖子与衣身袖窿结构基本匹配,领子与衣身领圈结构基本匹配,结构基本合理,线条较清楚; C：号型规格表格式、内容欠缺,放松量设计欠合理;衣身结构制图步骤欠正确,袖子与衣身袖窿结构欠吻合,领子与衣身领圈结构欠吻合,结构欠合理,线条欠清楚	成品号型规格表;1：1衣身制图;1：1袖子制图;1：1领子制图	20	
纸样设计与制作	A：前片、后片、领子、挂面纸样结构处理合理正确;表布纸样制作齐全,里布纸样、净样板制作基本齐全,结构合理,标注清楚; B：前片、后片、领子、挂面纸样结构处理基本合理正确;表布纸样制作基本齐全,里布纸样、净样板制作基本齐全,结构基本合理,标注基本清楚; C：不能正确进行前片、后片、领子、挂面纸样结构处理;不能正确合理地进行表布纸样制作;不能正确合理地进行里布纸样制作、净样板制作	前片、后片、领子、挂面纸样结构处理;表布纸样;里布纸样;净样板	15	
样衣制作	A：能合理进行面料、里料、辅料的检验、整烫、整理;能根据操作正确性、便利性合理铺料;排料方法正确,裁片丝缕正确,最大限度节省长度方向用料;裁剪顺序、方法合理,裁片丝缕、正反面正确,裁片与纸样吻合;表布工段、里布工段、表里勾合工段、领子工段、袖子工段工艺方法正确,工艺符合质量要求;锁眼、钉扣位置合理,大小匹配; B：能基本合理进行面料、里料、辅料的检验、整烫、整理;铺布方式基本正确;排料方法基本正确,裁片丝缕基本正确,节省长度方向用料;裁剪顺序、方法较合理,裁片丝缕、正反面较正确,裁片与纸样较吻合;表布工段、里布工段、表里勾合工段、领子工段、袖子工段工艺方法基本正确,工艺基本符合质量要求;锁眼、钉扣位置较合理,大小基本匹配; C：面料、里料、辅料正反面不分,整烫不到位或没整烫;铺料欠平整,正反面不合理,布边不齐;排料顺序、方法欠合理,不能做到合理节省用料;裁剪顺序、方法欠合理,裁片丝缕、正反面欠正确,裁片与纸样欠吻合;表布工段、里布工段、表里勾合工段、领子工段、袖子工段工艺方法欠正确,工艺质量要求有较大偏差;锁眼、钉扣位置欠合理,大小有较大偏差	面料、里料、辅料的整理;铺料操作;排料;面、辅料裁剪;缝制工艺;锁眼、钉扣	35	

评价指标	评　价　标　准	评价依据	权重	得分
课堂纪律	A：上课认真，态度端正； B：上课较认真，态度较端正； C：常有迟到、早退、缺课现象，不遵守课堂纪律	课堂表现	10	
学习习惯	A：上课准备充分，作业认真及时； B：上课准备较充分，作业基本认真及时； C：上课不准备，不能认真及时完成作业	课前及课后作业表现	10	
岗位习惯	A：积极做好卫生工作，按规定进行操作； B：能做好卫生工作，基本按规定进行操作； C：不能做好卫生工作，不能按规定进行操作	课堂及课后表现	10	
总　分				

（二）样衣制作质量细则

休闲套装上衣质量评分表

项目	序号	质量标准	轻缺陷	扣分	重缺陷	扣分	严重缺陷	扣分
规格 （10分）	1	衣长规格正确不超极限偏差±1.0 cm	超偏差50%内		超50%～100%内		超100%以上	
	2	胸围规格正确不超极限偏差±2.0 cm	超偏差50%内		超50%～100%内		超100%以上	
	3	肩宽规格正确不超极限偏差±0.8 cm	超偏差50%内		超50%～100%内		超100%以上	
	4	袖长规格正确不超极限偏差±0.8 cm	超偏差50%内		超50%～100%内		超100%以上	
	5	袖口规格正确不超极限偏差±0.3 cm	超偏差50%内		超50%～100%内		超100%以上	
领 （20分）	6	领面平服，顺直，端正	轻不平服，顺直		重不平服，顺直			
	7	领角左右对称，大小一致，不返翘	互差0.2 cm，反翘		互差＞0.3 cm，重反翘		互差＞0.5 cm	
	8	驳角左右对称，大小一致，串口顺直	互差0.2 cm，轻弯		互差＞0.3 cm，重弯		严重不对称，平服	
	9	底领不外露，不起皱	轻外露，起皱		重露，起皱		严重外露皱	
	10	领面不反吐，止口	有		重反吐			
	11	绱领平服，无弯斜	有，弯斜＞0.5 cm		弯＞1.0 cm		弯＞1.5 cm	
	12	领窝平服，不起皱	有皱		重起皱		严重起皱	
	13	驳口顺直，位置正确，左右对称	轻不顺直，位置上/下＞1.5 cm/1.0 cm		重不顺直，位置上/下＞2.0 cm/1.5 cm		严重弯曲	
	14	挂面平服，宽窄一致，绱线顺直，松紧适宜	轻不平服顺直，互差＞0.3 cm		重弯曲，绉，反翘			
	15	竖开刀顺直平服，左右对称	左右互差0.5 cm		重弯曲，互差＞1.0 cm			

项目	序号	质量标准	轻缺陷	扣分	重缺陷	扣分	严重缺陷	扣分
门里襟与袋 (20分)	16	门里襟平服,顺直	轻不平服,顺直		重不平服,顺直		严重弯斜	
	17	门里襟长短一致	门长里>0.4 cm		门长里>0.7 cm 门短于里襟		互差>1.0 cm	
	18	门里襟止口不反吐	有反吐		重反吐		全部反吐	
	19	袋位高低进出一致	互差0.5 cm以上		互差>0.8 cm			
	20	口袋平服,大小一致, 袋盖止口不反吐	袋口、袋盖互差 >0.4 cm,轻反吐		>0.8 cm, 重反吐			
	21	贴袋与袋盖窝服,缉线 顺直,牢固	轻不平服,弯		重不平服,弯		严重弯斜	
	22	袋嵌线狭宽一致,袋角 方正	互差>0.4 cm 轻不方正		互差>0.2 cm 重不方正		互差>0.3 cm 严重毛出,不 方正	
肩胸 (10分)	23	肩部平服,肩缝顺直	轻不平服,弯		重弯,皱			
	24	小肩窄宽左右一致	互差>0.4 cm		互差>0.7 cm			
	25	肩省平服,顺直,左右 对称	不顺直,平服 互差>0.5 cm		起泡 左右互差>0.4 cm			
	26	胸部丰满挺括,位置 适宜	轻不对称		重不对称			
腰部 (12分)	27	胸省位置适宜,大小左 右对称	长短互差>0.5 cm 左右互差>0.4 cm		长短互差>0.8 cm 左右互差>0.7 cm			
	28	腰部、摆部平服顺直	轻不平服		重不平服			
	29	腰省(胁)平服顺直 长短左右对称	长短互差>0.5 cm 左右互差>0.4 cm		长短互差>0.8 cm 左右互差>0.7 cm			
袖 (12分)	30	装袖圆顺,顺势均匀	轻不圆顺,均匀		重绺			
	31	两袖前后适宜,左右一致	一只前后		二只前后		严重弯斜	
	32	两袖不翻不吊	有翻、吊		二只均有			
	33	袖缝线顺直,平服	轻不顺直		严重弯曲			
	34	袖衩、扣左右一致,袖 方向均匀对称	衩、扣 互差>0.5 cm		两衩反向			

项目	序号	质量标准要求	轻缺陷	扣分	重缺陷	扣分	严重缺陷	扣分
里子底边（8分）	35	面与夹里松紧一致，袖方向均匀对称	轻不一致，面与夹里未固定一处		里距底边，袖口<0.5 cm,面与夹里未固定二处		里子外露，面与夹里未固定	
	36	底边顺直，窄宽一致	宽窄互差>0.4 cm		>0.5 cm		严重弯斜	
	37	无里底边花绷针脚均匀、不外露	起皱，外露		针脚3 cm<5针			
整洁与牢固（8分）	38	领驳头大身袋、袖、背符合对格要求	1处		2处		多处	
	39	针码>12针/3 cm(明线)	少于12针					
	40	领面有浮线，极光	浮线1处		极光，浮线多于2处			
	41	产品整洁无线头，污渍	有		表面2根线头，里面4根线头，污渍在2 cm² 以内			
	42	无断线或轻微毛脱	长度<0.5 cm		>0.5 cm,<1.0 cm			
100		合　计						

备注：

一、出现下列情况扣分标准如下：

1. 凡各部位有开、脱线长度>1 cm 以上应扣3～5分，部位是：_____

2. 严重污渍，表面在2 cm² 以上扣4～8分，部位是：_____

3. 丢工、缺件，做错工序，各扣4～8分，部位是：_____

4. 烫黄、变质、残破，各扣4～15分，部位是：_____

5. 黏合衬严重起泡、脱胶、渗胶扣3～5分，部位是：_____

说明：凡在备注中出现的扣分规定中的项和细则中各序号中的项目相同，如同时出现质量问题，不再重复扣分(在此扣除原细则序号中的扣分)。

二、轻缺陷扣1分、重缺陷扣2分、严重缺陷扣3分。

考核结果	质量：应得100分。扣_____分,实得_____分。	评分记录

六、实训练习

（一）题目：按款式要求完成一款休闲套装上衣结构设计与工艺。

（二）要求：

1. 能抓住款式和材料特点进行款式结构分析；

2. 能合理进行结构设计；

3. 能合理进行纸样设计与制作；

4. 能参照质量要求进行样衣制作。

项目二　立体型女上装结构设计与工艺

在日常生活中常见的女上装制板中,有一部分放松量较小、特别合体的女上装就不太适合从平面的角度出发来进行结构设计,对于这部分立体型女上装我们就应该运用立体裁剪技术来进行结构设计,即首先依据人体模型进行款式造型,通过立体造型获得基础纸样,然后再进行适当调整放松量及相关造型等工作,最终获得合适的平面纸样。任务一、二都是立体型女上装,都需要通过立体裁剪来进行制板,所不同的是任务一是针织面料类没有里布的单层服装,而任务二是机织面料类配里布的双层服装,因此在立体裁剪尺寸的把握及放松量的调整方面还是会有所差别。

任务一采用单层服装工艺;任务二采用类似女西装的双层服装工艺。

任务一　合体针织女上装结构设计与工艺

一、任务目标

1. 以合体针织女上装典型款式为例,掌握合体针织女上装的款式特点与结构特征。
2. 会根据款式要求标识人台造型线。
3. 能抓住款式特点进行衣片立体造型。
4. 能将立体裁剪造型转换成平面图形。
5. 能抓住款式特点及面料特性进行平面结构调整及设计。
6. 会进行合体针织女上装的平面结构制图。
7. 会进行合体针织女上装的纸样设计与制作。
8. 以合体针织女上装为例,会进行针织上装面、辅料的配备与整理。
9. 以合体针织女上装为例,掌握针织上装铺布、排料及裁剪工艺。
10. 掌握合体针织女上装衣身、领子缝制工艺。
11. 掌握合体针织女上装袖子缝制工艺。
12. 以合体针织女上装为例,掌握普通针织女上装工艺流程。

二、任务描述

　　以合体针织女上装典型款式为例,引导学生进行款式特点分析和结构特点分析,在此基础上进行合体针织女上装的立体裁剪造型并将其转换成平面图形;以现行国家标准的女子中间体为例,在其主要控制部位号型规格的基础上引导学生结合针织面料特性进行放松量设计,规范合理地制订成品号型规格表;围绕合体针织女上装服装与人体结构的关系,在成品号型规格表的基础上抓住款式、材料特点指导学生进行平面结构调整及设计,并在此基础上进行纸样设计与制作。

　　以合体针织女上装典型款式为例,根据款式要求进行面、辅料的配置与整理;根据制作完成的合体针织女上装典型款式纸样,合理进行铺布、排料、裁剪工艺;依据女西装工业化生产工艺流程及女西装质量技术要求,指导学生完成合体针织女上装衣身、领子工艺、袖子工艺,并在此基础上进一步完成后整理、锁钉及成品质量检验工作。

三、相关知识点

1. 合体针织女上装的款式结构分析要点。

合体针织女上装款式
面料:针织罗纹布
辅料:20 g 无纺衬
风纪钩

2. 合体针织女上装的放松量设计要点。

3. 合体型女上装结构设计的思路与步骤。

4. 合体针织女上装立体裁剪准备工作要求。

5. 合体针织女上装立体裁剪技术。

6. 合体针织女上装立体造型转换成平面图形的相关知识。

7. 合体针织女上装的号型规格设计要求。

8. 合体针织女上装立体裁剪转换成平面图形的结构调整要求。

9. 合体针织女上装衣身平面结构图的配领、配袖知识。

10. 合体针织女上装纸样制作的相关知识。

11. 针织女上装面、辅料配置的相关性。

12. 针织女上装面、辅料整理要点。

四、任务实施

过程一　款式结构分析

　　面料采用伸缩性较好的针织罗纹布;衣身的肩部、背部、胸部及下摆都是非常贴身的立体造型,腰部周围略有松量;为了配合衣身立体造型的要求,衣身为四开身结构,前、后衣片都有从袖窿开始的纵向公主线分割,后中心纵向分割;后中心衣长到腰围线以下 6～7 cm，下摆从后向前倾斜，前衣长超过后衣长 6～7 cm，门襟下摆有斜角；领子从肩缝伸出，平驳头翻领，门襟翻驳点装一对金属钩；与衣身造型相匹配，袖子为贴体的两片式圆装长袖。

过程二　结构设计

（一）立体裁剪

步骤一　标识人台造型线（图 2-1-1）

图 2-1-1　合体针织女上装衣身造型线

1. 标识基础线

采用中间体（中码）的立体裁剪人体模型，用 0.3～0.5 cm 宽度的黏胶带在人体模型上标识人体基础位置线。

① 前、后中心线：分别从前颈点、后颈点开始垂直向下，将人体分成左右对称的左半身和右半身两部分。

② 三围线：经过人体胸部最丰满处（BP 点）水平方向绕一周标识胸围线；经过人体腰部最细位置（后颈点量下约 38 cm）水平方向绕一周标识腰围线；经过人体臀部最丰满处（腰围线量下约 18 cm）水平方向绕一周标识臀围线；由于该款式衣长不及臀围线，因此立体裁剪时可以不标识臀围线。

③ 领围线：依次经过前颈点、侧颈点、后颈点贴脖子根部弧线均匀圆顺绕一圈，注意胶带转弯时的褶皱，必要时可以打剪口。

④ 臂根线（又叫袖窿弧线）：根据款式判断，袖窿底部最低位置选择胸围线以上1.5 cm；前袖窿弧线贴着手臂根部从肩宽位置经过胸宽位置到袖窿底部位置，后袖窿弧线贴着手臂根部从肩宽位置经过背宽位置到袖窿底部位置；弧线均匀圆顺黏帖，注意胶带转弯时的褶皱，必要时可以打剪口。

⑤ 在左右两个 BP 点位置之间绷起一条宽约 1 cm 的布条，可以防止布料造型时两 BP 点之间因凹陷而造成的误差。

2. 标识造型线

根据款式结构造型,必要时可以量取具体结构线的比例位置,在人体模型上标识每一条服装结构造型线。

① 下摆、门襟线:量取后衣长和前衣长。

② 公主分割线:判断前、后公主线的袖窿分割点,通常前低后高;前公主线通常经过胸部 BP 点位置附近,后公主线通常经过背部胸围 1/2 位置附近;前公主线通常经过前片腰围 1/2 位置附近,后公主线通常经过后片腰围 1/2 位置附近。

③ 领子驳头:量取领子驳头比例尺寸。

步骤二　衣身立体裁剪

1. 前衣身(图 2-1-2)

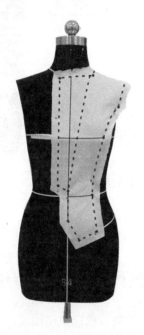

图 2-1-2　合体针织女上装前衣身立体造型

(1) 前片

① 白坯布取料、整理:长度大于前片最长位置 10 cm 左右,宽度大于前片最宽位置 10 cm 左右;用熨斗把布片丝缕规整得横平竖直。

② 距长度方向一边 3～4 cm 取一条直丝缕把它看成前中心线,将布片贴上人体模型并在中心线位置插大头针固定;注意侧颈点、前下摆点余料长度预留均匀。

③ 在胸围线位置将横丝缕整理好并插大头针固定。

④ 依次抹平肩部、胸部、腰部、下摆部位的布料,整理后插大头针固定;注意裁片部分的布料尽量保持丝缕自然平整,人体表面曲率大的部位可以在轮廓线边缘以外剪开布料,使裁片部分布料尽量平整。

⑤ 标记裁片造型:用细线条的记号笔在布料上标识裁片造型轮廓线,弧线部位用间距

较小的虚线,直线部位用间距较大的虚线,线与线交点要用十字交叉线标识清楚;为方便把衣身展成平面结构图,胸围线、腰围线也要标识清楚。

（2）前侧片

① 白坯布取料、整理：长度大于前侧片最长位置 10 cm 左右,宽度大于前侧片最宽位置 10 cm 左右;用熨斗把布片丝缕规整得横平竖直。

② 在布片上合适位置取一条横丝缕把它看成前侧片胸围线,将布片贴上人体模型并在胸围线位置插大头针固定;注意上、下、左、右余料预留均匀。

③ 在胸围线居中位置将直丝缕整理好并用插大头针上下方向两头固定。

④ 依次抹平胸部、腰部、下摆部位的布料,整理后插大头针固定;注意裁片部分的布料尽量保持丝缕自然平整,人体表面曲率大的部位可以在轮廓线边缘以外剪开布料,使裁片部分布料尽量平整。

⑤ 标记裁片造型：按前片要求操作。

2. 后衣身（图 2-1-3）

图 2-1-3　合体针织女上装后衣身立体造型

（1）后片

① 白坯布取料、整理：长度大于后片最长位置 10 cm 左右,宽度大于后片最宽位置 10 cm 左右;用熨斗把布片丝缕规整得横平竖直。

② 在布片上合适位置取一条横丝缕把它看成后片胸围线,将布片贴上人体模型并在胸围线位置插大头针固定;注意上、下、左、右余料预留均匀。

③ 在胸围线居中位置将直丝缕整理好并用插大头针上下方向两头固定。

④ 依次抹平肩部、背部、腰部、下摆部位的布料,整理后插大头针固定;注意裁片部分的

布料尽量保持丝缕自然平整，人体表面曲率大的部位可以在轮廓线边缘以外剪开布料，使裁片部分布料尽量平整。

⑤ 标记裁片造型：按前片要求操作。

（2）后侧片

① 白坯布取料、整理：长度大于后侧片最长位置 10 cm 左右，宽度大于后侧片最宽位置 10 cm 左右；用熨斗把布片丝缕规整得横平竖直。

② 在布片上合适位置取一条横丝缕把它看成后侧片胸围线，将布片贴上人体模型并在胸围线位置插大头针固定；注意上、下、左、右余料预留均匀。

③ 在胸围线居中位置将直丝缕整理好并用插大头针上下方向两头固定。

④ 依次抹平背部、腰部、下摆部位的布料，整理后插大头针固定；注意裁片部分的布料尽量保持丝缕自然平整，人体表面曲率大的部位可以在轮廓线边缘以外剪开布料，使裁片部分布料尽量平整。

⑤ 标记裁片造型：按前片要求操作。

（二）平面纸样设计

步骤一 立体裁剪转换成平面结构图(图 2－1－4)

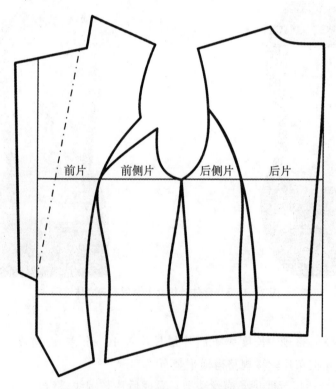

前片　前侧片　后侧片　后片

图 2－1－4　合体针织女上装衣身基本结构

① 复制：将立体裁剪的衣片复制成平面图形，要求立体与平面相结合，既要真实体现通过立体裁剪操作所获得的衣片造型，又要结合平面结构制图的要求将各个衣片排列在一起。

② 基准线对齐：衣身四个衣片水平方向的基准线对齐，主要有胸围线和腰围线，由于衣长较短，故没有臀围线；衣身四个衣片垂直方向的基准线明确，主要有前中心线和后中心线。

③ 体现相关结构线位置：将衣片之间的相关结构线位置按照平面结构制图的要求尽量在同一线排开。

步骤二　衣身平面结构调整

1. 调整放松量（图 2-7-5）

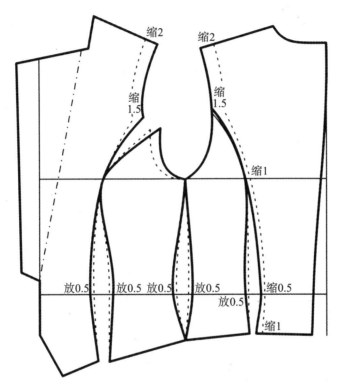

图 2-1-5　合体针织女上装调整放松量

将立体裁剪所获得的衣片造型转换成平面结构图后，要充分考虑材料的因素进行相关部位放松量的调整。立体裁剪采用机织白坯布进行操作有利于真实表现每一个衣片的立体造型，而款式本身采用针织罗纹面料，针对针织罗纹布在经、纬方向的伸缩性与机织白坯布有较大的差别，因此有必要在机织白坯布立体裁剪衣片真实造型的基础上，对衣片造型结构进行相关调整。面料的伸缩性对衣身的长度方向几乎没什么影响，对衣身的围度方向有较大影响，主要体现在胸围、腰围、摆围以及肩宽、前胸宽、后背宽等控制部位。

① 胸围、腰围、摆围：分别半衣身缩减 1 cm、全衣身缩减 2 cm；考虑前衣身造型因素，缩减位置均放在后衣身公主分割线上。

② 腰围：考虑衣身三围中胸围、摆围都很贴身的前提下，为了有利于衣身的平衡及穿着，腰围应该有一定的放松量，选择在前、后公主分割线及侧缝的每个吸腰位置都均匀地放出 0.5 cm 松量。

③ 肩宽：缩减 2 cm；由于肩宽部位刚好是面料的横丝缕，具有很好的弹性，经过面料实践调试，单边肩宽缩减 1.5～2 cm，全肩宽缩减 3～4 cm，这样成衣以后穿上人体刚好在正常肩宽的位置；面料纬向伸缩性大缩减量稍增加，面料纬向伸缩性小缩减量稍减少。

④ 前胸宽、后背宽：分别缩减 1.5 cm；由于前胸宽、后背宽部位刚好也是面料的横丝缕，具有很好的弹性，经过面料实践调试，单边前胸宽、后背宽缩减 1～1.5 cm，整个前胸宽、后背宽缩减 2～3 cm，这样成衣以后穿上人体刚好在正常前胸宽、后背宽的位置；面料纬向伸缩性大缩减量稍增加，面料纬向伸缩性小缩减量稍减少。

2. 成品号型规格设计（单位：cm）

合体针织上装号型规格如下表所示：

号型	肩宽	胸围	腰围	摆围	后中长	袖长
160/84A	34	82.5	68	96	50	57

步骤三　平面结构制图

1. 修正衣身平面结构图（图 2-1-6）

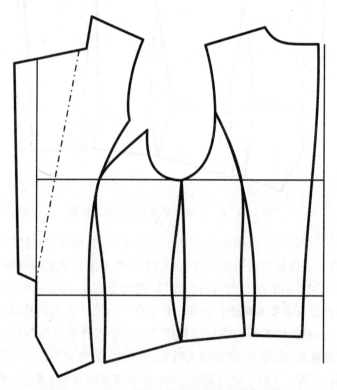

图 2-1-6　合体针织女上装修正衣身平面结构图

立体裁剪的衣片造型转换成平面结构图后经过调整放松量，就得到了我们想要的合体针织上装的衣身平面结构图，为了有利于下一步平面结构制图配领子、配袖子、配口袋等步骤的操作，有必要对调整好的衣身结构制图进行修正完善。

① 按照肩宽、前胸宽、后背宽、胸围、腰围、摆围各部位缩减或加放出的量,重新修正各个衣片部位的轮廓线,同时还要注意相关结构线之间的吻合性。

② 调整放松量以后的后片与后侧片之间出现了间隔,将后片位置复制移动到与后侧片相连的位置,符合平面结构制图的要求。

2. 配领子(图 2-1-7)

在修正衣身平面结构图前片领口及翻折线的基础上配领子。

① 前片部分沿翻折线折转成为驳头,驳角宽 4.5 cm,串口宽5.5 cm。

② 领子部分沿翻折线折转后装进肩缝,肩缝领子表面宽度为4.5 cm;后领圈没有领子。

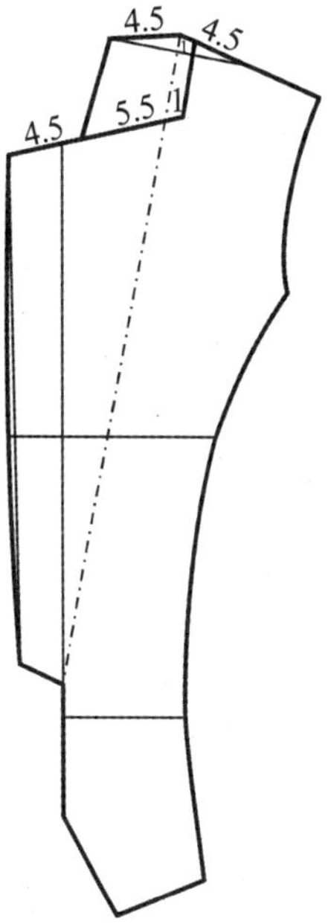

3. 配袖子(图 2-1-8)

图 2-1-7 合体针织
女上装配领子

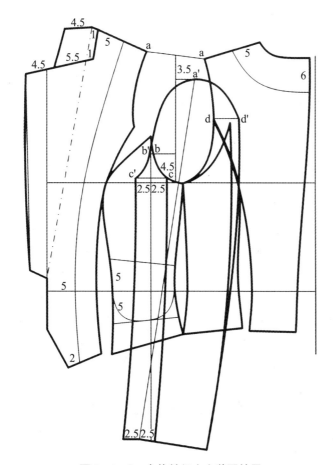

图 2-1-8 合体针织女上装配袖子

在修正衣身平面结构图袖窿的基础上配袖子,采用套袖窿配两片式合体袖的方法;由于针织面料伸缩性好的原因,同等外观效果的条件下吃势量要考虑得比机织面料充分一些。

（1）袖窿分段

① 胸围线向上 4.5 cm 高度作水平方向辅助线，与前袖窿弧线的交点就是前袖窿袖标 b 点。

② 从胸围线到后片肩端点 a 点高度的二分之一位置作水平方向的辅助线，与后袖窿弧线的交点就是后袖窿袖标 d 点。

③ 预先设计好两片袖前袖缝位置，大小袖片相对于前胸宽线的偏袖量为 2.5 cm，然后在前袖窿适当位置作一条垂直向下的前胸宽辅助线，在袖窿一侧距离前胸宽辅助线 2.5 cm 作一条垂直方向的辅助线，与前袖窿弧线的交点就是大小袖片的前袖缝与袖窿的合缝位置 c 点。

这样整个袖窿被分成了四段弧线，分别是 ab 弧线、ad 弧线、bc 弧线、cd 弧线，分别量取四段袖窿弧线的长度以备配袖山弧线所用。

（2）取袖山高

从胸围线开始计算袖山最高点的高度；将前片的肩端点 a 点与后片的肩端点 a 点之间连接辅助线，取辅助线的中点作垂线段到胸围线，垂线段的高度减去 3.5 cm 就可以取值为袖山高，作一条袖山高水平辅助线。

（3）取袖山前袖标点

在前胸宽辅助线的另一侧取前袖窿袖标 b 点相对于前胸宽辅助线的对称点，就是袖山前袖标 b′点。

（4）取袖山顶点

在袖山高水平辅助线上取 a′点，使 a′b′所构成的袖山弧线的长度等于袖窿 ab 弧线长度再加 1 cm，即 a′b′弧线＝ab 弧线＋1（吃势）。

（5）取袖山后袖标点

在后袖窿袖标 d 点的水平方向辅助线上取 d′点，使 a′d′所构成的袖山弧线的长度等于袖窿 ad 弧线长度再加 1 cm，即 a′d′弧线＝ad 弧线＋1（吃势）；自此，大袖片的后袖缝点 d′对应与后袖窿袖标 d 点。

（6）取小袖片后袖缝点

在 d 点与 d′点之间的水平辅助线上再取 d′点，使 cd′所构成的小袖片的袖山弧线的长度等于袖窿 cd 弧线长度再加 0.7 cm，即 cd′弧线＝cd 弧线＋0.7 cm（吃势）；在实践操作中小袖片的后袖缝 d′点可以比大袖片的后袖缝 d′点位置下降 0.5～0.7 cm（cd′弧线＝cd 弧线＋0.7 保持不变），这样通常小袖片的后袖缝会略短于大袖片的后袖缝，有利于大袖片在后袖缝袖肘附近位置形成吃势，保证袖子的造型与功能；自此，大、小袖片的后袖缝点 d′都对应于后袖窿袖标 d 点，成衣以后大小袖片的后袖缝与衣身的公主线在袖窿相交在同一点上。

（7）取大袖片前袖缝点

在前胸宽辅助线的另一侧取大小袖片的前袖缝与袖窿的合缝点 c 点相对于前胸宽辅助线的对称点，就是大袖片前袖缝点 c′点，连接 b′c′袖山弧线，使 b′c′袖山弧线与 bc 袖窿弧线不仅长度相等而且形状对称，即 b′c′弧线＝bc 弧线。

　　这样整个袖山弧线由四段弧线组成，分别是 a′b′弧线、a′d′弧线、b′c′弧线、cd′弧线，分别与袖窿的 ab 弧线、ad 弧线、bc 弧线、cd 弧线相对应，且对应关系分别是 a′b′弧线＝ab 弧线＋1 cm(吃势)，a′d′弧线＝ad 弧线＋1 cm(吃势)，b′c′弧线＝bc 弧线，cd′弧线＝cd 弧线＋0.7 cm(吃势)。

　　4. 配口袋、挂面、领贴

　　① 口袋：袋口位置在前侧片腰节位置，口袋为半圆形，深 5 cm。

　　② 挂面：相当于前片门襟、驳头、领口部位的贴边，因此在前片门襟、驳头、领口造型的基础上分割挂面；肩缝位置宽 5 cm、腰节位置宽 5 cm，下摆位置宽 2 cm。

　　③ 后领贴：后领圈的贴边，同时在这个款式里还起到在肩缝位置把前领兜光的作用；肩缝位置宽 5 cm，后中心位置宽 6 cm。

　　过程三　纸样设计与制作

　　(一)表布纸样制作(图 2-1-9)

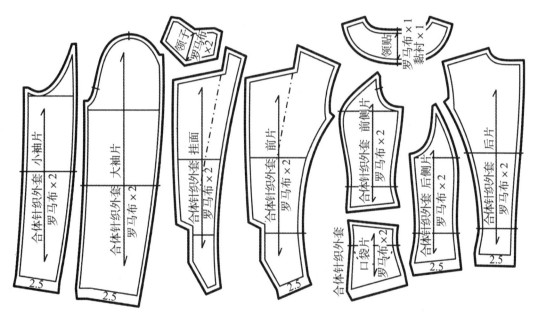

图 2-1-9　合体针织女上装纸样制作

　　① 整个前侧片因为口袋的关系分解成上、下两片：上部分称为前侧片，其延伸到袋口线以下的部分充当袋布；下部分称为口袋片，其延伸到袋口线以上的部分也折进充当袋布。

　　② 袖口贴边、下摆贴边各放缝 2.5 cm。

　　③ 其余部位各放缝 1 cm。

　　④ 对位刀眼：

　　a. 领子沿翻折线的翻折位置；

　　b. 袖子与袖窿三刀眼位置：前袖窿与前袖山袖标，袖窿肩缝与袖山顶点，后袖窿分割线与大小袖片后袖缝；

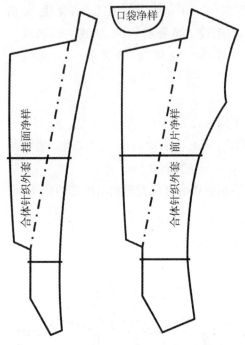

图 2-1-10　合体针织女上装净样板制作

c. 衣身腰节位置,袖片袖肘位置;

d. 前片领子驳口位置;

e. 领贴居中位置。

2. 净样板制作(图 2-1-10)

① 前片;

② 挂面;

③ 口袋。

过程四　样衣制作

(一) 面料整理

将面料门幅居中对折、正面相对、两布边对齐,在烫台上放平,将熨斗调到合适温度,打开蒸汽开关沿经纱方向来回按次序熨烫面料,注意控制熨斗对面料的压力不能太重,以不移动面料为宜,蒸汽熨斗缓慢移动,以确保面料每个部位都被蒸汽熨斗充分熨烫;蒸汽熨斗烫完后,将面料放平晾干。

(二) 铺布

将面料门幅居中对折双层铺料,正面相对,布边对齐,为方便排料与裁剪操作,将布边一侧靠近操作者身体一侧的桌子边,并且与桌子边平行,距离均匀 3～5 cm,这样即可以把桌子边看成是面料经纱方向。

(三) 样板排料

1. 表布排料

合体针织女上装表布的单件排料如图 2-1-11 所示。

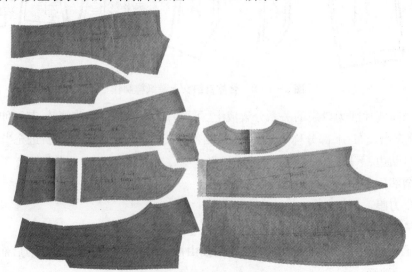

图 2-1-11　合体针织女上装表布单件排料

① 表布门幅宽 140 cm；

② 铺布方式：表布门幅居中对折双层铺料，表布正面与正面相对；

③ 排料方法：

a. 先大后小：前片、前侧片、后片、后侧片、大袖、小袖、挂面等面积大的先排，领子、领贴等面积小的找空档穿插；

b. 保证裁片数量；

c. 保证样板丝缕线与面料经向一致；

d. 尽量从裁片方向上保证整件衣服顺向一致；

e. 为避免经向色差，相邻裁片尽量在同一线排开。

④ 控制表布长度方向用料，合体针织女上装表布用料长度为（表布衣长＋表布袖长）。

（四）裁剪

1. 表布裁片（图 2－1－12）

裁片数量：（单位：片）

后片×2，后侧片×2，注意对称性；前片×2，前侧片×2，口袋布×2，注意对称性；大袖片×2，小袖片×2，注意对称性；领子×2，注意一致性；挂面×2，注意对称性；领贴×1。

图 2－1－12　合体针织女上装单件裁片

2. 黏衬（图 2－1－13）

黏衬数量：（单位：片）

挂面×2（用 20 g 无纺衬）；后领贴×1（用 20 g 无纺衬）；口袋片×2（袋口缉明线部位用 20 g 无纺衬）。

（五）缝制工艺

步骤一　衣身工段

1. 前片工艺

（1）做口袋（图 2－1－14）

① 拼接袋布：将前侧片袋口线以下的袋布与口袋布的袋布对应拼接，并扣烫口袋布的袋口线折印。

② 整理口袋位置：将口袋布的袋口线折印对齐前侧片的腰节位置（即袋口位置），用口袋净样板画口袋净样。

③ 缉明线：按照画好的口袋净样缉明线。

图 2－1－13　合体针织女上装黏衬

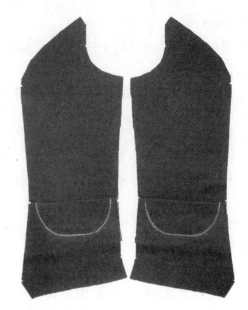

图 2-1-14　合体针织女上装做口袋

图 2-1-15　合体针织女上装拼合公主线

（2）拼合公主线（图 2-1-15）

①　前侧片在上，前片在下，腰节位置刀眼对齐；始、末位置对齐，注意胸部弧线控制均匀，口袋位置平服。

②　包缝：前侧片朝上，将公主线缝份用三线包缝机包缝。

③　缉明线：翻到表面在公主线的前片一侧缉 0.6 cm 明线。

（3）做门襟、驳头、领子（图 2-1-16）

①　将前片、挂面、领子位置对齐，领子先居中对折扣烫好。

②　勾合门襟、驳头、领圈：参照女西装勾合门襟、驳头工艺，从挂面底角位置开始勾合门襟、驳头、领圈到肩缝结束；车缝到领圈驳角位置时将领子一起勾进，注意车缝到领圈拐角位置时要将上下两层领圈的缝份剪开，一边车缝操作能顺利转弯并且领子平服。

③　修烫止口：先将门襟、驳头、领圈的止口修剪到 0.6 cm 左右，再将止口绊倒在衣身表布一边，用熨斗将修剪好的缝份扣烫均匀。

④　翻烫止口：将止口翻出表面，用熨斗扣烫止口：由于是在表布熨烫，为防止表面起极光，因此要加棉质垫布熨烫；翻驳点以上段挂面止口略吐 0.1 cm；翻驳点以下段：表布前片止口略吐 0.1 cm。

⑤　整理驳头、领子：用熨斗在翻折线位置扣烫定好驳头宽，领子翻折线以外部分折转盖

图 2 - 1 - 16　合体针织女上装做门襟、驳头、领子

住肩缝,在肩缝位置用车缝将翻出的领子与肩缝固定。

2. 后片工艺(图 2 - 1 - 17)

图 2 - 1 - 17　合体针织女上装后片工艺

① 拼合公主线:后侧片在上,后片在下,腰节位置刀眼对齐;始、末位置对齐,注意背部弧线控制均匀。

② 拼合后中缝:腰节位置刀眼对齐;始、末位置对齐。

③ 包缝:将两条公主线、一条后中缝的缝份用三线包缝机包缝。

④ 缉明线:翻到表面在公主线的后片一侧缉 0.6 cm 明线。

⑤ 装后领贴:后领贴烫上黏衬后先将领贴外圈表面用三线包缝,再将后领贴车缝到后领圈上,后中心刀眼位置对齐,缝份控制均匀。

3. 拼合前、后片

(1) 拼肩缝(图 2 - 1 - 18)

① 将前、后衣片表面相对,对齐肩缝,后片在下,前片在上,将前片肩缝夹在后片肩缝与

图 2－1－18　合体针织女上装拼肩缝

领贴的两层中间。

② 车缝肩缝从一侧肩端点开始到侧颈点净缝点结束。

③ 包缝：肩缝的缝份用三线包缝后倒向后片。

④ 运返：将后片与后领贴的止口修剪到 0.6 cm 后表里运返将领贴翻进领圈里面，同时前片肩缝从后片肩缝与领贴之间翻出，用熨斗整烫后领圈、肩缝止口。

⑤ 缉明线：后片肩缝距离止口 0.6 cm 缉明线，肩缝顺直，止口均匀。

（2）拼侧缝

① 将前、后衣片表面相对对齐侧缝，后片在下，前片在上，车缝始、末位置对齐，腰节刀眼对齐。

② 包缝：侧缝的缝份用三线包缝后倒向后片。

自此，衣身工段完成；为保持衣身造型，应将做好的衣身挂穿在衣架上。

步骤二　袖子工段

1. 做袖子（图 2－1－19）

① 拼后袖缝：检查袖片对位刀眼，将大、小袖片表面相对车缝后袖缝，小袖片在上，大袖片在下，大袖片的吃势在袖肘位置附近控制均匀；缝份倒向大袖片，用三线包缝；翻到表面在大袖片一侧距止口 0.6 cm 缉明线。

② 折烫袖口：袖口贴边向里折起 2.5 cm，表面用三线包缝，用熨斗折烫贴边。

③ 拼前袖缝：大、小袖片表面相对车缝前袖缝，大袖片在上，小袖片在下，袖肘位置刀眼对齐；缝份倒向大袖片，用三线包缝。

2. 装袖子

（1）抽袖山吃势（图 2－1－20）

① 检查袖山弧线：检查袖山弧线一周是否圆顺，尤其是前、后袖缝的过渡位置，情况不理想的要适当进行修剪；袖山对位点位置是否明确（前袖标 b′点、袖山顶点 a′点、后袖标 d′点）。

图 2－1－19　合体针织女上装做袖子

② 沿袖山弧线车缝一道：选择袖山底部开始沿袖山车缝一周，始、末位置取消倒回针，留线头；针码不能太大，控制针距在 15～18 针/3 cm；距离毛边止口控制 0.8 cm 左右，以不超过装袖子车缝的止口宽度为宜；通过调整夹线器将表面缝线的张力调紧，有利于抽吃势，记得正常车缝时回复原位。

③ 拉住表面缝线抽吃势：分别拉住车缝始、末位置两头的表面缝线由袖山底部开始抽吃势并将吃势量向袖山顶部推；参照平面结构制图中袖山与袖窿的匹配关系，将吃势量分布合理：大袖片袖山顶点靠后的 a′d′ 段吃势量 1 cm 相对最多（由于距离短），大袖片袖山顶点靠前的 a′b′ 段吃势量 1 cm 相对次之（由于距离长），整个小袖片的 c′d′ 段 0.7 cm 相对有一定的吃势量（由于距离更长），大袖片前面底部的 b′c′ 段没有吃势。

④ 两边袖子的袖山抽吃势同时操作，要十分注重两个袖山抽吃势情况的对称性。

⑤ 假缝：袖山吃势抽得差不多了，要和衣身袖窿对应位置贴合进行假缝，用手缝平针法将袖山与袖窿缝合，针距在 0.8 cm 左右，缝份控制与抽袖山吃势的缝线对齐。两边袖山假缝后将衣身穿上人台，检查判断假缝情况：一是袖山与袖窿每一段对应位置的吃势情况是否抽到位，袖山顶部不能出现明显褶皱情况，袖山两侧不能出现猫须情况；二是两边袖子相对于衣身的位置是否左右对称，从衣身侧面看不能出现两只袖子的袖口有一前一后的情况。

图 2-1-20　合体针织女上装
抽袖山吃势

⑥ 根据假缝情况对袖山吃势情况作进一步的确认和调整，同样要十分注重左右袖子的对称性；直到假缝合适。

（2）装袖山（图 2-1-21）

① 检查袖窿弧线：检查袖窿弧线是否圆顺，尤其是前、后片肩缝的过渡位置，情况不理想的要适当进行修剪；袖窿对位点位置是否明确（前袖标 b、袖山顶点 a、后袖标 d）。

② 车缝袖山与袖窿：将假缝好的袖山与袖窿进行车缝固定，车缝时袖山在上、袖窿在下，一般选择前袖山的袖标 b 点开始车缝一周并接缝牢固；注意缝份控制均匀，整个袖窿车缝圆顺。

③ 烫袖山吃势：袖山与袖窿车缝完成后，将袖山反扣在大小合适的圆形烫墩上（布料表面与烫墩相对），利用烫墩的馒头造型将袖山吃势鼓出来，在袖山布料反面将袖山吃势烫均匀，有利于袖山吃势呈外观饱满的造型。

图 2-1-21　合体针织
女上装装袖山

步骤三　卷贴边、缉明线

1. 卷袖口、下摆贴边(图 2-1-22)

图 2-1-22　合体针织女上装卷袖口、下摆贴边

① 扣烫下摆贴边:和袖口贴边一样,衣身下摆贴边向里折起 2.5 cm,表面用三线包缝,用熨斗折烫贴边。

② 缉袖口贴边:翻到袖口贴边里面,齐着包缝线迹内侧从后袖缝位置开始车缝袖口一周,注意与袖口边的距离控制均匀,这样从贴边里面缉出到袖口表面的明线均匀美观。

③ 缉下摆贴边:翻到下摆贴边里面,齐着包缝线迹内侧从挂面底角位置开始车缝下摆贴边,注意与底边的距离控制均匀,这样从贴边里面缉出到下摆表面的明线均匀美观。

2. 缉明线(图 2-1-23)

图 2-1-23　合体针织女上装缉明线

该款式在前面的缝制工艺中都有缉明线装饰,如衣身分割线、肩缝、口袋以及袖口、下摆贴边等,因此门襟、驳头的止口也要缉明线,既美观又能起到固定止口的作用。在门襟下摆的挂面底角位置开始(与缉下摆贴边的明线接缝),沿着门襟到驳头、串口,最后到前片领口的拐角位置结束;止口宽度为 0.6 cm 控制均匀,保持门襟、驳头止口顺畅。

自此,合体针织女上装衣身、袖子工段以及卷贴边、缉明线工艺均告完成,将做好的衣服套穿在人台上进行外观整理。

五、任务评价

（一）评价方案

评价指标	评 价 标 准	评价依据	权重	得分
结构设计	A：立体裁剪材料准备充分、人台标识正确,立体裁剪操作合理;衣身平面结构调整步骤正确,袖子结构制图与衣身袖窿结构匹配,领子结构制图与衣身领圈结构匹配,口袋、挂面、领贴结构合理,线条清楚; B：立体裁剪材料准备较充分、人台标识基本正确,立体裁剪操作基本合理;衣身平面结构调整步骤基本正确,袖子结构制图与衣身袖窿结构基本匹配,领子结构制图与衣身领圈结构基本匹配,口袋、挂面、领贴结构基本合理,线条较清楚; C：立体裁剪材料准备欠充分、人台标识不够正确,立体裁剪操作欠合理;衣身平面结构调整步骤欠正确,袖子结构制图与衣身袖窿结构欠吻合,领子结构制图与衣身领圈结构欠吻合,口袋、挂面、领贴结构欠合理,线条欠清楚	人台标识线、立体裁剪衣片;1：1衣身制图;1：1袖子制图;1：1领子制图	30	
纸样设计与制作	A：表布纸样制作齐全,净样板制作齐全,结构合理,标注清楚; B：表布纸样制作基本齐全,净样板制作基本齐全,结构基本合理,标注基本清楚; C：不能正确合理地进行表布纸样制作;不能正确合理地进行净样板制作	表布工业纸样;净样板	10	
样衣制作	A：能合理进行面辅料检验、整烫、整理;能根据操作正确性、便利性合理铺料;排料方法正确,裁片丝缕正确,最大限度节省长度方向用料,裁剪顺序、方法合理,裁片丝缕、正反面正确,裁片与纸样吻合;衣身工段、袖子工段、卷贴边、缉明线工艺方法正确,工艺符合质量要求;风纪钩位置合理,大小匹配; B：能基本合理进行面辅料检验、整烫、整理;铺布方式基本正确;排料方法基本正确,裁片丝缕基本正确,节省长度方向用料,裁剪顺序、方法较合理,裁片丝缕、正反面较正确,裁片与纸样较吻合;衣身工段、袖子工段、卷贴边、缉明线工艺方法基本正确,工艺基本符合质量要求;风纪钩位置较合理,大小基本匹配; C：面辅料正反面不分,整烫不到位或没整烫,铺料欠平整,正反面不合理,布边不齐;排料顺序、方法欠合理,不能做到合理节省用料;裁剪顺序、方法欠合理,裁片丝缕、正反面欠正确,裁片与纸样欠吻合;衣身工段、袖子工段、卷贴边、缉明线工艺方法欠正确,工艺质量要求有较大偏差;风纪钩位置欠合理,大小有较大偏差	针织套装女上衣面辅料;铺料操作;排料操作;面辅料裁剪;缝制工艺;钉风纪钩	30	

（续表）

评价指标	评　价　标　准	评价依据	权重	得分
课堂纪律	A：上课认真，态度端正； B：上课较认真，态度较端正； C：常有迟到、早退、缺课现象，不遵守课堂纪律	课堂表现	10	
学习习惯	A：上课准备充分，作业认真及时； B：上课准备较充分，作业基本认真及时； C：上课不准备，不能认真及时完成作业	课前及课后作业表现	10	
岗位习惯	A：积极做好卫生工作，按规定进行操作； B：能做好卫生工作，基本按规定进行操作； C：不能做好卫生工作，不能按规定进行操作	课堂及课后表现	10	
总　分				

（二）样衣制作质量细则

针织套装女上衣质量评分表

项目	序号	质　量　标　准	轻缺陷	扣分	重缺陷	扣分	严重缺陷	扣分
领 (25分)	1	领子平服，松紧适宜，不起皱	轻起皱		重起皱，反翘		严重起皱，反翘	
	2	领子左右，驳头一致	互差 0.2 cm		互差 0.4 cm		互差 0.5 cm 以上	
	3	驳头止口不反吐	轻反吐		重反吐		严重反吐	
	4	上领缉线顺直	互差＞0.1 cm		互差＞0.2 cm			
	5	驳头无接线或跳针，驳头方正	轻不方正		重不方正			
门里襟 (20分)	6	门里襟长短一致	互差＞0.3 cm		互差＞0.4 cm		＞0.5 cm	
	7	门里襟挂面阔狭一致	互差＞0.3 cm		＞0.5 cm			
绱袖 (20分)	8	袖子缉线阔狭一致	轻阔狭		重阔狭			
	9	袖山吃势均匀	轻不均匀		重不均匀		严重不均匀	
	10	袖子左右对称	轻不对称		重不对称		严重不对称	
	11	绱袖圆顺、平滑	轻不圆顺，轻皱		重不圆顺，重皱			
袋 (10分)	12	袋位正确不歪斜			歪斜			
	13	袋口大小一致	袋口大小互差＞0.2 cm					
	14	袋缉线圆顺，无跳针	阔狭＞0.2 cm		跳针两个			
	15	袋口松紧一致，平服	轻不平服		重不平服		严重不平服，不方正	

（续表）

项目	序号	质量标准	轻缺陷	扣分	重缺陷	扣分	严重缺陷	扣分
摆缝与底边（15分）	16	摆缝松紧适宜	轻微起皱		重起皱		严重起皱	
	17	底边阔窄一致			阔窄互差＞0.3 cm			
整洁牢固（10分）	18	表面起极光、有浮线			有			
	19	针距＞12针/3 cm			针距＜12针/3 cm			
	20	无断线或脱线	断线或脱线＞0.5 cm		断线或脱线＜2 cm			
	21	无污渍、线头	正面1根反面2根		正面2根以上，反面4根以上			
		合　计						

备注：

一、下列情况扣分标准：

1. 凡各部位有开、脱线大于1 cm小于2 cm扣4分，大于2 cm以上扣8分，部位：_____
_____

2. 凡有丢工、错工各扣8分，部位：_____

3. 严重油污在2 cm以上扣8分，部位：_____
_____

4. 凡出现事故性质量问题、烫黄、破损、残破扣20分，部位：_____

二、轻缺陷扣1分、重缺陷扣2分、严重缺陷扣3分。

考核结果	质量：应得100分。扣_____分，实得_____分。	评分记录	

六、实训练习

（一）题目：按款式要求完成一款针织套装上衣结构设计与工艺。

（二）要求：

1. 能抓住款式和材料特点进行款式结构分析；

2. 能合理进行结构设计；

3. 能合理进行纸样设计与制作；

4. 能参照质量要求进行样衣制作。

任务二 合体梭织女上装结构设计与工艺

一、任务目标

1. 以合体梭织女上装典型款式为例,掌握合体梭织女上装的款式特点与结构特征。
2. 会根据款式要求标识人台造型线。
3. 能抓住款式特点进行衣片立体造型。
4. 能将立体裁剪造型转换成平面图形。
5. 能抓住款式特点及面料特性进行平面结构调整及设计。
6. 会进行合体梭织女上装的平面结构制图。
7. 会进行合体梭织女上装的纸样设计与制作。
8. 以合体梭织女上装为例,会进行合体梭织女上装面、辅料的配备与整理。
9. 以合体梭织女上装为例,掌握合体梭织女上装铺布、排料及裁剪工艺。
10. 掌握合体梭织女上装表布的缝制工艺。
11. 掌握合体梭织女上装里布的缝制工艺。
12. 掌握合体梭织女上装的表、里勾合工艺。
13. 以合体梭织女上装为例,掌握合体梭织女上装工艺流程。

二、任务描述

　　以合体梭织女上装典型款式为例,引导学生进行款式特点分析和结构特点分析,在此基础上进行合体梭织女上装的立体裁剪造型并将其转换成平面图形;以现行国家标准的女子中间体为例,在其主要控制部位号型规格的基础上引导学生结合具体梭织面料特性进行放松量设计,规范合理地制订成品号型规格表;围绕合体梭织女上装服装与人体结构的关系,在成品号型规格表的基础上抓住款式、材料特点指导学生进行平面结构调整及设计,并在此基础上进行纸样设计与制作。

　　以合体梭织女上装典型款式为例,根据款式要求进行面、辅料的配置与整理;根据制作完成的合体梭织女上装典型款式纸样,合理进行铺布、排料、裁剪工艺;依据女西装工业化生产工艺流程及女西装质量技术要求,指导学生完成合体梭织女上装表布工艺、里布工艺及表、里勾合工艺,并在此基础上进一步完成后整理、锁钉及成品质量检验工作。

三、相关知识点

1. 合体梭织女上装的款式结构分析要点。

2. 合体梭织女上装的放松量设计要点。

3. 合体型女上装结构设计的思路与步骤。

4. 合体梭织女上装立体裁剪准备工作要求。

5. 合体梭织女上装立体裁剪技术。

6. 合体梭织女上装立体造型转换成平面图形的相关知识。

7. 合体梭织女上装的号型规格设计要求。

8. 合体梭织女上装立体裁剪转换成平面图形的结构调整要求。

9. 合体梭织女上装衣身平面结构图的配领、配袖知识。

10. 合体梭织女上装纸样制作的相关知识。

11. 合体梭织女上装面、辅料配置的相关性。

12. 合体梭织女上装面、辅料整理要点。

四、任务实施

过程一　款式结构分析

面料采用梭织缎面卡其布,纬纱方向略有伸缩性;衣身的肩部、背部、胸部及下摆都是非常贴身的立体造型,腰部周围略有松量;为了配合衣身立体造型的要求,衣身为四开身结构,前、后衣片都有从袖窿开始的纵向公主线分割,后中心纵向分割;立领结构,为了领子周围贴合人体,前后衣片都设计了领省;后中心衣长在臀围线以上,门襟四粒钮扣,左右两只风琴贴袋加袋盖;与衣身造型相匹配,袖子为贴体的两片式圆装长袖。

过程二　结构设计

（一）立体裁剪

步骤一　标识人台造型线(图 2−2−1)

1. 标识基础线

采用中间体(中码)的立体裁剪人体模型,用 0.3～0.5 cm 宽的黏胶带在人体模型上标识人体基础位置线。

① 前、后中心线:分别从前颈点、后颈点开始垂直向下,将人体分成左右对称的左半身和右半身两部分。

② 三围线:经过人体胸部最丰满处(BP 点)沿水平方向绕一周标识胸围线;经过人体腰部最细位置(后颈点下量约 38 cm)水平方向绕一周标识腰围线;经过人体臀部最丰满处(腰围线下量约 18 cm)沿水平方向绕一周标识臀围线;由于该款式衣长不及臀围线,因此立体裁剪时可以不标识臀围线。

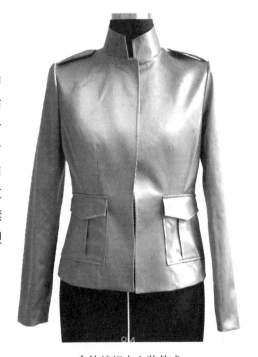

合体梭织女上装款式

面料:缎面卡其布

辅料:20 g 无纺衬;30 g 布衬;40 g 树脂衬

1.2 cm 直径衬衫钮扣

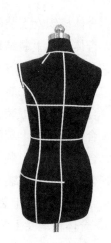

图 2-2-1　合体梭织女上装衣身造型线

③ 领围线：依次经过前颈点、侧颈点、后颈点贴脖子根部弧线均匀圆顺绕一圈，注意胶带转弯时的褶皱，必要时可以打剪口。

④ 臂根线（又叫袖窿弧线）：根据款式判断，袖窿底部最低位置选择胸围线以上 1.5 cm；前袖窿弧线贴着手臂根部从肩宽位置经过胸宽位置到袖窿底部位置，后袖窿弧线贴着手臂根部从肩宽位置经过背宽位置到袖窿底部位置；弧线均匀圆顺黏贴，注意胶带转弯时的褶皱，必要时可以打剪口。

⑤ 在左右两个 BP 点位置之间绷起一条宽约 1 cm 的布条，可以防止布料造型时两 BP 点之间因凹陷而造成的误差。

2. 标识造型线

根据款式结构造型，必要时可以量取具体结构线的比例位置，在人体模型上标识每一条服装结构造型线。

① 下摆、门襟线：量取后衣长和前衣长。

② 公主分割线：判断前、后公主线的袖窿分割点，量取前、后公主线的具体位置尺寸；前公主线通常经过胸部 BP 点位置附近，后公主线通常经过背部胸围 1/2 位置附近；前公主线通常经过前片腰围 1/2 位置附近，后公主线通常经过后片腰围 1/2 位置附近；该款式的前片公主线附近有胸腰省，因此前片公主线位置会有一定的偏移量，具体根据款式而定。

③ 领省：量取领省位置及尺寸。

步骤二　衣身立体裁剪（图 2-2-2）

1. 前衣身

（1）前片

① 白坯布取料、整理：长度大于前片最长位置 10 cm 左右，宽度大于前片最宽位置 10 cm 左右；用熨斗把布片丝缕规整得横平竖直。

② 距长度方向一边 3~4 cm 取一条直丝缕把它看成前中心线，将布片贴上人体模型并在中心线位置插大头针固定；注意侧颈点、前下摆点余料长度预留均匀。

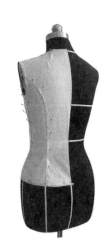

图 2-2-2　合体梭织女上装衣身立体造型

③ 在胸围线位置将横丝缕整理好并插大头针固定。

④ 在胸围线以上抹平肩部、胸部并按照标识线的位置将多余布料捏进领省,在胸围线以下抹平腰部、下摆并按照标识线的位置将多余布料捏进胸腰省,其余依次抹平肩部、背部、腰部、下摆部位的布料,整理后插大头针固定;注意裁片部分的布料尽量保持丝缕自然平整,人体表面曲率大的部位可以在轮廓线边缘以外剪开布料,使裁片部分布料尽量平整。

⑤ 标记裁片造型:用细线条的记号笔在布料上标识裁片造型轮廓线,弧线部位用间距较小的虚线,直线部位用间距较大的虚线,线与线交点要用十字交叉线标识清楚;为方便把衣身展成平面结构图,胸围线、腰围线也要标识清楚。

(2) 前侧片

① 白坯布取料、整理:长度大于前侧片最长位置 10 cm 左右,宽度大于前侧片最宽位置 10 cm 左右;用熨斗把布片丝缕规整得横平竖直。

② 在布片上合适位置取一条横丝缕把它看成前侧片胸围线,将布片贴上人体模型并在胸围线位置插大头针固定;注意上、下、左、右余料预留均匀。

③ 在胸围线居中位置将直丝缕整理好并用插大头针上下方向两头固定。

④ 依次抹平胸部、腰部、下摆部位的布料,整理后插大头针固定;注意裁片部分的布料尽量保持丝缕自然平整,人体表面曲率大的部位可以在轮廓线边缘以外剪开布料,使裁片部分布料尽量平整。

⑤ 标记裁片造型:按前片要求操作。

2. 后衣身

(1) 后片

① 白坯布取料、整理:长度大于后片最长位置 10 cm 左右,宽度大于后片最宽位置 10 cm左右;用熨斗把布片丝缕规整得横平竖直。

② 在布片上合适位置取一条横丝缕把它看成后片胸围线,将布片贴上人体模型并在胸围线位置插大头针固定;注意上、下、左、右余料预留均匀。

③ 在胸围线居中位置将直丝缕整理好并用插大头针上下方向两头固定。

④ 在胸围线以上抹平肩部、背部并按照标识线的位置将多余布料捏进领省,其余依次抹平肩部、背部、腰部、下摆部位的布料,整理后插大头针固定;注意裁片部分的布料尽量保持丝缕自然平整,人体表面曲率大的部位可以在轮廓线边缘以外剪开布料,使裁片部分布料尽量平整。

⑤ 标记裁片造型:按前片要求操作。

(2)后侧片

① 白坯布取料、整理:长度大于后侧片最长位置 10 cm 左右,宽度大于后侧片最宽位置 10 cm 左右;用熨斗把布片丝缕规整得横平竖直。

② 在布片上合适位置取一条横丝缕把它看成后侧片胸围线,将布片贴上人体模型并在胸围线位置插大头针固定;注意上、下、左、右余料预留均匀。

③ 在胸围线居中位置将直丝缕整理好并用插大头针上下方向两头固定。

④ 依次抹平背部、腰部、下摆部位的布料,整理后插大头针固定;注意裁片部分的布料尽量保持丝缕自然平整,人体表面曲率大的部位可以在轮廓线边缘以外剪开布料,使裁片部分布料尽量平整。

⑤ 标记裁片造型:按前片要求操作。

(二)平面纸样设计

步骤一　立体裁剪转换成平面结构图

1. 复制

图 2-2-3 是该款式衣身立体裁剪的各个衣片造型,为了方便进一步进行结构调整和配领子、配袖子等操作,要把立体裁剪的各个衣片造型复制成平面结构图;将立体裁剪的衣

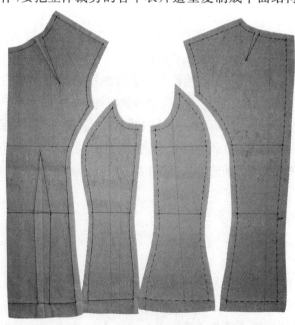

图 2-2-3　合体梭织女上装衣身立体造型

片复制成平面图形,要求立体与平面相结合,既要真实体现通过立体裁剪操作所获得的衣片造型,又要结合平面结构制图的要求将各个衣片排列在一起。

2. 基准线对齐

衣身四个衣片水平方向的基准线对齐,主要有胸围线、腰围线和下摆线;衣身四个衣片垂直方向的基准线明确,主要有前中心线和后中心线。

3. 体现相关结构线位置

将衣片之间的相关结构线位置按照平面结构制图的要求尽量在同一线排开。

图2-2-4就是按照以上要求将立体裁剪转换成平面结构图后得到的合体梭织女上装衣身基本结构。

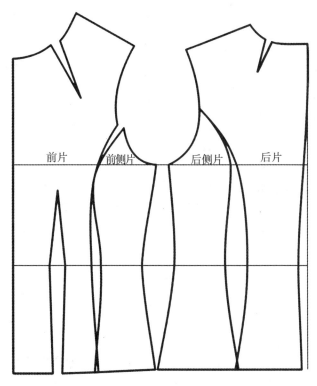

图2-2-4　合体梭织女上装衣身基本结构

步骤二　衣身平面结构调整

1. 调整放松量(图2-2-5)

将立体裁剪所获得的衣片造型转换成平面结构图后,要充分考虑材料的因素进行相关部位放松量的调整。立体裁剪采用梭织白坯布进行操作有利于真实表现每一个衣片的立体造型,该款式面料采用梭织缎面卡其布,面料纬纱方向略有伸缩性,但是这点伸缩性作为衣身围度方向的放松量还是不够的,还需要在衣身结构的围度方向加放一定的松量,主要体现在胸围、腰围、摆围等控制部位。

① 调整侧缝:前、后片侧缝的胸围、腰围、摆围位置分别加放0.5 cm。

② 调整后片公主线:在后片公主线腰围线位置的两边分别加放0.5 cm;考虑衣身三围

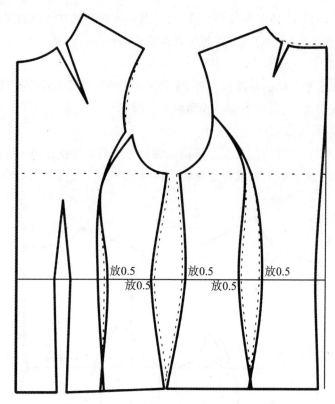

放0.5　放0.5　放0.5
放0.5　　放0.5

图 2 - 2 - 5　合体梭织女上装衣身结构调整

中胸围、摆围都比较贴身的前提下，为了有利于衣身的平衡及穿着，腰围应该有一定的放松量，因此选择在后公主分割线的吸腰位置再放出 1 cm 松量。

在立体裁剪中由于操作手势的因素，有可能出现一些线条位置的细小误差，通常在调整放松量的同时，也要对这类误差进行轮廓修正，如图 2 - 2 - 5 中的前袖窿弧线、后领圈弧线等。

2. 成品号型规格设计：（单位：cm）

合体梭织女上装成品规格如下表所示：

号型	肩宽	胸围	腰围	摆围	后中长	袖长
160/84A	38	90	70	92	52	56

步骤三　平面结构制图

1. 修正衣身平面结构图（图 2 - 2 - 6）

立体裁剪的衣片造型转换成平面结构图后经过调整放松量及修正，就得到了我们想要的合体梭织女上装的衣身平面结构图，为了有利于下一步平面结构制图配领子、配袖子、配口袋等步骤的操作，有必要对调整好的衣身结构制图进行修正完善。

① 按照胸围、腰围、摆围各部位加放出的量，重新修正各个衣片部位的轮廓线，同时还要注意相关结构线之间的吻合性。

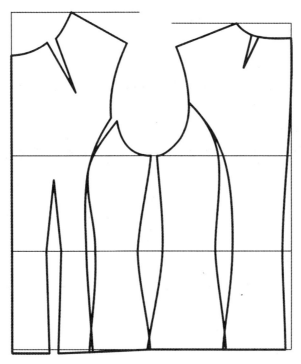

图 2 - 2 - 6　合体梭织女上装修正衣身平面结构图

② 调整放松量以后的各个衣片之间出现了间隔或重叠,要将各个衣片的位置重新排列使之相连,符合平面结构制图的要求。

2. 配领子(图 2 - 2 - 7)

在修正衣身平面结构图前片领口的基础上配领子。

① 领子前中心相对于领子后中心的水平起翘量为 2.5 cm。

② 领子后中心高 4.5 cm。

3. 配袖子(图 2 - 2 - 7)

在修正衣身平面结构图袖窿的基础上配袖子,采用套袖窿配两片式合体袖的方法;由于该款式面料纬向略有伸缩性,可以适当考虑一定的袖山吃势量。

(1) 袖窿分段

① 在胸围线向上 4 cm 高度作水平方向辅助线,与前袖窿弧线的交点就是前袖窿袖标 b 点。

② 从胸围线到后片肩端点 a 点高度的二分之一位置作水平方向的辅助线,与后袖窿弧线的交点就是后袖窿袖标 d 点。

③ 预先设计好两片袖前袖缝位置大小袖片相对于前胸宽线的偏袖量为 2.5 cm,然后在前袖窿适当位置作一条垂直向下的前胸宽辅助线,在袖窿一侧距离前胸宽辅助线 2.5 cm 作一条垂直方向的辅助线,与前袖窿弧线的交点就是大小袖片的前袖缝与袖窿的合缝位置 c 点。

这样整个袖窿被分成了四段弧线,分别是 ab 弧线、ad 弧线、bc 弧线、cd 弧线,分别量取四段袖窿弧线的长度以备配袖山弧线所用。

（2）取袖山高

从胸围线开始计算袖山最高点的高度；将前片的肩端点 a 点与后片的肩端点 a 点之间连接辅助线，取辅助线的中点作垂线段到胸围线，垂线段的高度减去 3.3 cm 就可以取值为袖山高，作一条袖山高水平辅助线。

（3）取袖山前袖标点

在前胸宽辅助线的另一侧取前袖窿袖标 b 点相对于前胸宽辅助线的对称点，就是袖山前袖标 b′点。

（4）取袖山顶点

在袖山高水平辅助线上取 a′点，使 a′b′所构成的袖山弧线的长度等于袖窿 ab 弧线长度再加 0.5 cm，即 a′b′弧线＝ab 弧线＋0.5 cm（吃势）。

（5）取袖山后袖标点

在后袖窿袖标 d 点的水平方向辅助线上取 d′点，使 a′d′所构成的袖山弧线的长度等于袖窿 ad 弧线长度再加 0.5 cm，即 a′d′弧线＝ad 弧线＋0.5 cm（吃势）；自此，大袖片的后袖缝点 d′对应于后袖窿袖标 d 点。

（6）取小袖片后袖缝点

在 d 点与 d′点之间的水平辅助线上再取 d′点，使 cd′所构成的小袖片的袖山弧线的长度等于袖窿 cd 弧线长度再加 0.5 cm，即 cd′弧线＝cd 弧线＋0.5 cm（吃势）；在实践操作中小袖片的后袖缝 d′点可以比大袖片的后袖缝 d′点位置下降 0.5 cm（cd′弧线＝cd 弧线＋0.5 cm保持不变），这样通常小袖片的后袖缝会略短于大袖片的后袖缝，有利于大袖片在后袖缝袖肘附近位置形成吃势，保证袖子的造型与功能；自此，大、小袖片的后袖缝点 d′都对应于后袖窿袖标 d 点，成衣以后大小袖片的后袖缝与衣身的公主线在袖窿相交在同一点上。

（7）取大袖片前袖缝点

在前胸宽辅助线的另一侧取大小袖片的前袖缝与袖窿的合缝点 c 点相对于前胸宽辅助线的对称点，就是大袖片前袖缝点 c′点，连接 b′c′袖山弧线，使 b′c′袖山弧线与 bc 袖窿弧线不仅长度相等而且形状对称，即 b′c′弧线＝bc 弧线。

这样整个袖山弧线由四段弧线组成，分别是 a′b′弧线、a′d′弧线、b′c′弧线、cd′弧线，分别与袖窿的 ab 弧线、ad 弧线、bc 弧线、cd 弧线相对应，且对应关系分别是 a′b′弧线＝ab 弧线＋0.5 cm（吃势），a′d′弧线＝ad 弧线＋0.5 cm（吃势），b′c′弧线＝bc 弧线，cd′弧线＝cd 弧线＋0.5 cm（吃势）。

4. 配口袋、叠门、挂面（图 2-2-7）

① 口袋：在腰节线距离前中心线 4 cm 配口袋位置，口袋深 13 cm，袋口宽 13 cm；袋口上距离袋口 1.5 cm 配置袋盖，袋盖每边比袋口宽 0.3 cm，袋盖略呈尖角形，尖角高 5 cm。

② 叠门：前中心向外加放叠门量 2 cm，将领圈的前中心位置顺延到叠门。

③ 挂面：在前片门襟、领圈造型的基础上分割挂面；挂面宽 5 cm。

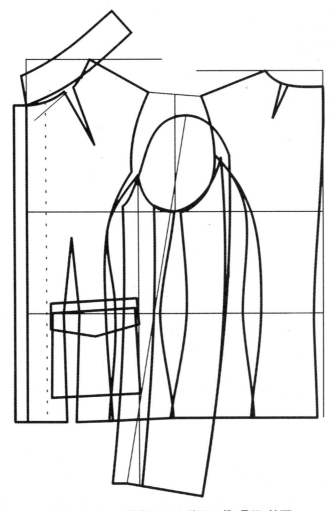

图 2 - 2 - 7 合体梭织女上装配口袋、叠门、挂面

过程三 纸样设计与制作

(一) 纸样处理

1. 衣身里布纸样处理(图 2 - 2 - 8)

① 前片去除挂面部分,保留领省、胸腰省。

② 前片公主线分割取消,保留腰省,袖窿省转移到腋下省位置,转换成活褶。

③ 后片公主线分割取消,保留腰省、领省。

(二) 纸样制作

1. 表布纸样制作(图 2 - 2 - 9)

① 袖口贴边、下摆贴边各放缝 3.5 cm。

② 其余部位各放缝 1 cm。

③ 对位刀眼:

a. 领子与领圈三刀眼位置:左肩缝、后中心、右肩缝;

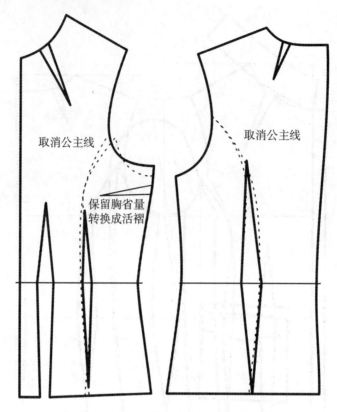

取消公主线

取消公主线

保留胸省量
转换成活褶

图 2 – 2 – 8　合体梭织女上装衣身里布结构

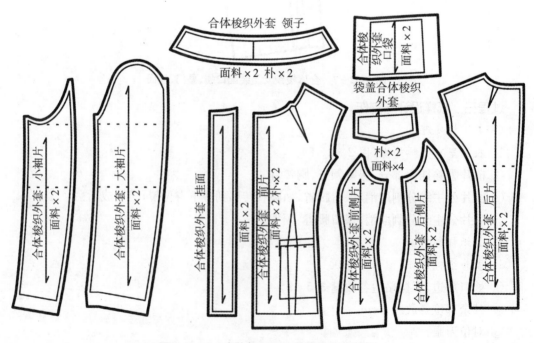

合体梭织外套 领子

面料×2 朴×2

合体梭织外套 口袋 面料×2

袋盖合体梭织外套

朴×2 面料×4

合体梭织外套 小袖片 面料×2

合体梭织外套 大袖片 面料×2

合体梭织外套 挂面 面料×2

合体梭织外套 前片 面料×2 朴×2

合体梭织外套 前侧片 面料×2

合体梭织外套 后侧片 面料×2

合体梭织外套 后片 面料×2

图 2 – 2 – 9　合体梭织女上装表布纸样制作

b. 袖子与袖窿三刀眼位置：前袖窿与前袖山袖标，袖窿肩缝与袖山顶点，后袖窿分割线与大小袖片后袖缝；

c. 衣身腰节位置，袖片袖肘位置；

d. 前片领子前中心位置；

e. 领贴居中位置。

2. 里布纸样制作(图2-2-10)

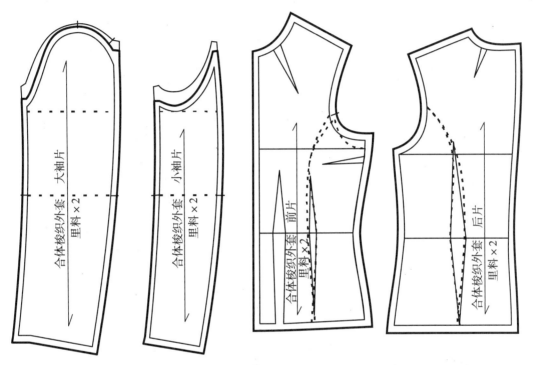

图2-2-10 合体梭织女上装里布纸样制作

① 衣身里布纸样制作在图2-1-8合体梭织女上装衣身里布纸样处理的基础上放缝，前后片四周放缝1 cm。

② 袖子里布纸样制作在袖子面料样板的基础上再放缝，前袖缝位置再抬高2.5 cm，后袖缝位置再抬高1.5 cm，袖山顶点再抬高0.5 cm。

③ 对位刀眼：

a. 袖子与袖窿三刀眼位置：前袖窿与前袖山袖标，袖窿肩缝与袖山顶点，后袖窿分割线与大小袖片后袖缝；

b. 衣身腰节位置；

d. 前片腋下胸省位置。

3. 净样板制作(图2-2-11)

① 前衣片；

② 领子；

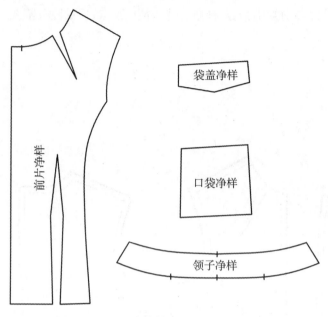

图 2 - 2 - 11　合体梭织女上装净样板制作

③ 袋盖；

④ 口袋。

过程四　样衣制作

（一）面料整理

将面料门幅居中对折、正面相对、两布边对齐，在烫台上放平，将熨斗调到合适温度，打开蒸汽开关沿经纱方向来回按次序熨烫面料，注意控制熨斗对面料的压力不能太重，以不移动面料为宜，蒸汽熨斗缓慢移动，以确保面料每个部位都被蒸汽熨斗充分熨烫；蒸汽熨斗烫完后，将面料放平晾干。

（二）铺布

将面料门幅居中对折双层铺料，正面相对，布边对齐，为方便排料与裁剪操作，将布边一侧靠近操作者身体一侧的桌子边，并且与桌子边平行，距离均匀3～5 cm，这样即可以把桌子边看成是面料经纱方向。

（三）样板排料

1. 表布排料

合体梭织女上装表布的单件排料如图 2 - 2 - 12 所示。

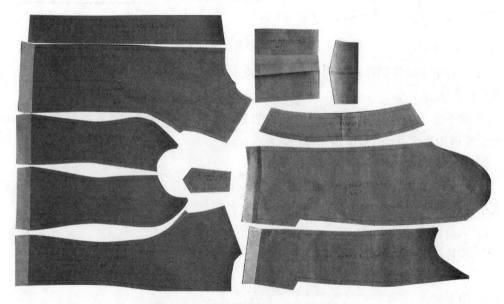

图 2 - 2 - 12　合体梭织女上装表布排料

① 表布门幅宽 140 cm；

② 铺布方式：表布门幅居中对折双层铺料，表布正面与正面相对；

③ 排料方法：

a. 先大后小：前片、前侧片、后片、后侧片、大袖、小袖、挂面等面积大的先排，领子、领贴等面积小的找空档穿插；

b. 保证裁片数量；

c. 保证样板丝缕线与面料经向一致；

d. 尽量从裁片方向上保证整件衣服顺向一致；

f. 为避免经向色差，相邻裁片尽量在同一线排开；

④ 控制表布长度方向用料，合体梭织女上装表布用料长度为（表布衣长＋表布袖长）。

2. 里布排料

合体梭织女上装里布的单件排料如图 2－2－13 所示。

图 2－2－13　合体梭织女上装里布排料

① 里布门幅宽 140 cm；

② 铺布方式：里布门幅居中对折双层铺料，里布正面与正面相对；

③ 排料方法：

a. 里布样板只有前片、后片、大袖、小袖和袋布，因此将前、后片侧缝相对在同一纬线方向排开，大小袖片袖缝相对在同一纬线方向排开；

b. 保证裁片数量；

c. 保证样板丝缕线与面料经纱方向一致；

d. 保证裁片顺向一致；

④ 控制里布长度方向用料，合体梭织女上装里布用料长度为（里布衣长＋里布袖长）。

（四）裁剪

1. 表布裁片（图 2－2－14）

裁片数量：（单位：片）

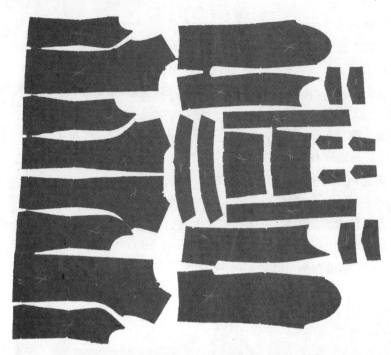

图 2－2－14 合体梭织女上装表布单件裁片

后片×2,后侧片×2,注意对称性;前片×2,前侧片×2,口袋布×2,注意对称性;大袖片×2,小袖片×2,注意对称性;领子×2,挂面×2,袋盖×4,肩章×4,注意对称性。

2. 里布裁片(图 2－2－15)

图 2－2－15 合体梭织女上装里布单件裁片

裁片数量：（单位：片）

前片×2,后片×2,注意对称性；大袖片×2,小袖片×2,注意对称性。

图 2－2－16　合体梭织女上装黏衬裁片

3. 黏衬（图 2－1－16）

黏衬数量：（单位：片）

前片×2（整个前片用 30 g 布衬）；领子×2（面领用一层 20 g 无纺毛衬，再用一层 40 g 树脂净衬，底领用一层 20 g 无纺毛衬）；袋盖×2（袋盖里用 20 g 无纺衬）；肩章×2（肩章底层用 20 g 无纺衬）。

（五）缝制工艺

步骤一　衣身表布工段

1. 前片拼合工艺（图 2－2－17）

① 前片烫上黏衬后收省。

② 拼合公主线：前侧片在上，前片在下，腰节位置刀眼对齐；始、末位置对齐,注意胸部弧线控制均匀。

③ 缉止口：

a. 公主线缝份倒向前中心，在前片表面骑坑缉 0.6 cm 明止口线。

b. 省道倒向前中心，在前片表面骑坑缉 0.1 cm明止口线。

④ 为了有利于衣片定型，自此以后的每个操作步骤中，当每个衣片、袖片的工艺完成后都应该将衣片吊挂起来。

2. 后片工艺（图 2－2－18）

图 2－2－17　合体梭织女上装前片工艺

图 2－2－18　合体梭织女上装后片工艺

① 后片收省。

② 拼合公主线、后中缝：

a. 拼合公主线时后侧片在上，后片在下，腰节位置刀眼对齐；始、末位置对齐，注意背部弧线控制均匀。

b. 拼合后中缝时腰节位置刀眼对齐；始、末位置对齐。

③ 缉止口：

a. 公主线缝份倒向后中心，在后片表面骑坑缉 0.6 cm 明止口线。

b. 肩省倒向后中心，在后片表面骑坑缉 0.1 cm 明止口线。

c. 后中缝倒向一侧，在后片表面骑坑缉 0.6 cm 明止口线。

3. 口袋工艺

(1) 做袋盖(图 2-2-19)

参照项目五女西装做袋盖工艺。

① 袋盖里烫上无纺衬；在无纺衬上划袋盖净样；修剪缝份(三边 0.6 cm，装袋盖一边 1.5 cm)。

图 2-2-19　合体梭织女上装做袋盖

② 将袋盖表布放在修好的袋盖里布下面，按袋盖里布修剪袋盖表布(注意三边表布修大 0.3 cm,装袋盖一边修齐),有利于袋盖表布和里布形成里外匀。

③ 勾袋盖：袋盖里布在上，袋盖表布在下，上下两层齐边按净样兜缉袋盖,注意控制袋盖表布吃势均匀；装袋盖一边不缝。

④ 修烫缝份：将兜缉好的袋盖缝份齐净缝线向袋盖里布一侧绊倒扣烫,注意控制袋角圆顺；将缝份均匀修剪到 0.3 cm 左右。

⑤ 表里运返：按扣烫线将袋盖翻到表面；用熨斗整烫袋盖,注意止口圆顺。

⑥ 缉止口：在袋盖表面缉 0.6 cm 明止口线。

图 2-2-20　合体梭织女上装做贴袋

(2) 做贴袋(图 2-2-20)

① 扣烫褶裥：按照刀眼位置扣烫贴袋外工字褶,在两道外工字褶表面缉 0.6 cm 明止口线,并在褶裥两端用车缝固定褶裥。

② 卷袋口：袋口边先折进 1 cm,再卷进 1 cm 用车缝骑坑 0.1 cm 从里面缉出表面。

③ 扣烫贴袋：在贴袋里面用贴袋净样板将三边折起扣烫,回到贴袋表面再次扣烫,止口顺直。

(3) 钉贴袋(图 2-2-21)

① 在前片衣身表面划好贴袋位置。

② 车缝贴袋：从贴袋口的一端开始绕三边车缝到另一端,止口为 0.6 cm 控制均匀,开

始和结束位置分别倒回3～4针,使袋角牢固;同时要注意控制袋口位置相对于衣身的松紧适宜,防止袋口豁口。

（4）钉袋盖(图2-2-22)

图2-2-21 合体梭织女上装钉贴袋

图2-2-22 合体梭织女上装钉袋盖

① 在前片衣身表面划好贴袋袋盖位置。

② 按照袋盖净样板在袋盖上划好袋盖宽。

③ 车缝袋盖:按照划好的袋盖宽将袋盖车缝到衣身划好袋位的位置,注意车缝顺直,开始和结束位置分别倒回针;将袋盖折转扣烫,并将缝份修剪到0.6 cm。

④ 盖缉袋盖:袋盖折转后在表面缉0.6 cm明止口线,从袋盖的一端车缝到另一端,止口控制均匀,在开始和结束位置分别倒回3～4针,使袋角牢固。

4. 拷合表布衣身

① 前衣身在上,后衣身在下,衣身表布正面相对,拼合左右侧缝及肩缝;连贯拼合顺序为:侧缝、肩缝、肩缝、侧缝。

② 拼合侧缝时始、末位置对齐,腰节位置对齐。

③ 拼合肩缝时始、末位置对齐,注意缝份控制均匀。

④ 分烫缝份:将四条缝份在烫墩上分开烫平。

5. 肩章工艺(参照做袋盖工艺)

（1）做肩章(图2-2-23)

① 将肩章底层烫上无纺衬;在无纺

图2-2-23 合体梭织女上装做肩章

衬上划袋盖净样;修剪缝份(三边 0.6 cm,钉肩章一边 1 cm)。

②将肩章表层放在修好的肩章底层下面,按肩章底层修剪肩章表层(注意三边表层修大 0.2 cm,钉肩章一边修齐),有利于肩章表层和底层形成里外匀。

③勾肩章:底层在上,表层在下,上下两层表面相对、齐边按净样兜缉肩章,注意控制肩章表层吃势均匀;钉肩章一边不缝。

④修烫缝份:将兜缉好的肩章缝份齐净缝线向袋盖里布一侧绊倒扣烫,注意修剪转角缝份;将缝份均匀修剪到 0.3 cm 左右。

⑤表里运返:按扣烫线将肩章翻到表面;用熨斗整烫肩章,注意止口顺直。

⑥缉止口:在肩章表面缉 0.6 cm 明止口线。

图 2-2-24　合体梭织女上装钉肩章

①拼合后袖缝:由于小袖片的后袖缝相对大袖片的后袖缝略短,因此拼合后袖缝时小袖片在上、大袖片在下,让大袖片吃势均匀、主要分布在袖肘位置附近;用熨斗将后袖缝分开烫平,袖口向上折烫 3.5 cm 袖口贴边。

（2）钉肩章(图 2-2-24)

①将肩章放上肩缝合适位置,居中刀眼对肩缝。

②车缝固定:齐袖窿一边将肩章车缝固定,开始和结束位置分别倒回针。

6. 做表布袖子(参照项目六做表布袖子工艺,如图 2-2-25 所示)

图 2-2-25　合体梭织女上装做表布袖子

②拼合前袖缝:拼前袖缝时大袖片在上、小袖片在下,注意缝线不能抽紧,袖肘刀眼对齐;用熨斗将前袖缝分开烫平,折烫好 3.5 cm 袖口贴边。

7. 表布装袖子

（1）抽袖山吃势(图 2-2-26)

①检查袖山弧线:检查袖山弧线一周是否圆顺,尤其是前、后袖缝的过渡位置,情况不理想的要适当进行修剪;袖山对位点位置是否明确(前袖标 b' 点、袖山顶点 a' 点、后袖标 d' 点)。

②沿袖山弧线车缝一道:选择袖山底部开始沿袖山车缝一周,始、末位置取消倒回针,留线头;针码不能太大,控制针距 15～18 针/3 cm;距离毛边止口控制在 0.8 cm 左右,以不

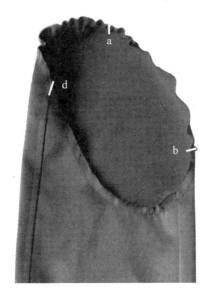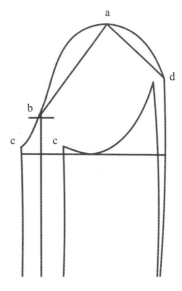

图 2 - 2 - 26　合体梭织女上装抽袖山吃势

超过装袖子车缝的止口宽度为宜;通过调整夹线器将表面缝线的张力调紧,有利于抽吃势,记得正常车缝时回复原位。

③ 拉住表面缝线抽吃势:分别拉住车缝始、末位置两头的表面缝线由袖山底部开始抽吃势并将吃势量向袖山顶部推;参照平面结构制图中袖山与袖窿的匹配关系,将吃势量分布合理:大袖片袖山顶点靠后的 $a'd'$ 段吃势量 0.5 cm 相对最多(由于距离短),大袖片袖山顶点靠前的 $a'b'$ 段吃势量 0.5 cm 相对次之(由于距离长),整个小袖片的 $c'd'$ 段 $0.5\sim0.7$ cm 相对有一定的吃势量(由于距离更长),大袖片前面底部的 $b'c'$ 段没有吃势。

④ 两边袖子的袖山抽吃势同时操作,要十分注重两个袖山抽吃势情况的对称性。

⑤ 假缝:袖山吃势抽得差不多了,要和衣身袖窿对应位置贴合进行假缝,用手缝平针法将袖山与袖窿缝合,针距为 0.8 cm 左右,缝份控制与抽袖山吃势的缝线对齐。两边袖山假缝后将衣身穿上人台,检查判断假缝情况:一是袖山与袖窿每一段对应位置的吃势情况是否抽到位,袖山顶部不能出现明显褶皱情况,袖山两侧不能出现猫须情况;二是两边袖子相对于衣身的位置是否左右对称,从衣身侧面看不能出现两只袖子的袖口有一前一后的情况。

⑥ 根据假缝情况对袖山吃势情况作进一步的确认和调整,同样要十分注重左右袖子的对称性;直到假缝合适。

(五)装袖山、袖山条(图 2 - 2 - 27)

① 检查袖窿弧线:检查袖窿弧线是否圆顺,尤其是前、后片肩缝的过渡位置,情况不

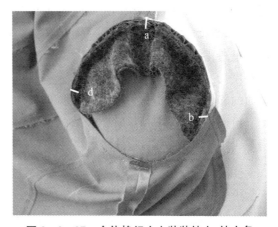

图 2 - 2 - 27　合体梭织女上装装袖山、袖山条

理想的要适当进行修剪;袖窿对位点位置是否明确(前袖标 b、袖山顶点 a、后袖标 d)。

② 车缝袖山与袖窿:将假缝好的袖山与袖窿进行车缝固定,车缝时袖山在上、袖窿在下,一般选择前袖山的袖标 b 点开始车缝一周并接缝牢固;注意缝份控制均匀,整个袖窿车缝圆顺。

③ 烫袖山吃势:袖山与袖窿车缝完成后,将袖山反扣在大小合适的圆形烫墩上(布料表面与烫墩相对),利用烫墩的馒头造型将袖山吃势鼓出来,在袖山布料反面将袖山吃势烫均匀,有利于袖山吃势外观呈饱满的造型。

④ 车缝袖山条:袖山吃势烫好后,将袖山条与烫袖山吃势的这一面贴合在一起,袖山条边与袖窿缝份边对齐;袖山条往前袖窿一侧超过前袖标位置 b 点 2~3 cm,往后袖窿一侧超过后袖标位置 d 点 2~3 cm;车缝时袖窿在上、袖山条在下,骑着袖窿装袖山的止口线,从前袖窿的袖标 b 点车缝到后袖窿的袖标 d 点,两点以外分别有一段 2~3 cm 的袖山条留活不缝。

自此,休闲套装上衣表布工段完成,为保持衣服造型,将做好的衣服表布挂穿在衣架上。

步骤二　里布工段

1. 里布衣身工艺(图 2-2-28)

① 划省位:对称裁片两对称位置一起划,注意对称性。

② 收省:前片、后片分别车缝腰省,注意省尖部位收直,为防止省尖脱散,必须倒回针3~4针。

③ 打褶:腋下胸省采用打活褶,褶向朝下。

④ 烫省:后片腰省省缝倒向后中心;前片腰省省缝倒向侧缝。

⑤ 前片拼挂面:挂面在上、前片里布在下,上下两头位置对齐,腰节刀眼位置对齐,将挂面和前片里布均匀地缝合在一起;为了挂面底角工序的操作方便,注意挂面底部预留 2.5 cm 不车缝。

⑥ 拷合里布衣身:前衣身在上,后衣身在下,衣身里布正面相对,拼合左右侧缝及肩缝;连贯拼合顺序为:侧缝、肩缝、肩缝、侧缝。前片里布拼挂面的缝份倒向侧缝,肩缝的缝份分开烫平;侧缝的缝份倒向后中心烫平;后中缝的缝份倒向左侧烫平。

图 2-2-28　合体梭织女上装里布衣身工艺

2. 里布袖子工艺(图 2-2-29)

① 做袖子:先拼合后袖缝,小袖片在上、大袖片在下,让大袖片吃势均匀,主要分布在袖肘位置附近;再拼合前袖缝,大袖片在上、小袖片在下,注意缝线不能抽紧,袖肘刀眼对齐;用熨斗扣烫前、后袖缝缝份,倒向大袖片。

② 抽里布袖山：参照表布抽袖山吃势步骤，每段袖山弧线抽吃势与袖窿比对基本到位后即可，一般不用进行假缝操作。

③ 里布装袖山：参照表布装袖山步骤，一般不用进行烫袖山吃势及装袖山条操作。

自此，衣身里布工段完成；为保持衣服造型，也将做好的里布衣身挂穿在衣架上。

步骤三　表、里勾合工段

1. 勾合门襟（图 2-2-30）

图 2-2-29　合体梭织女上装里布袖子工艺

图 2-2-30　合体梭织女上装勾合门襟

① 用前衣片净样板在表布的前片和里布的挂面上划净样，将领口、门襟的净样划在布料反面。

② 将衣身表布与衣身里布表面相对，领口、门襟对应位置贴合对齐；前片在上，挂面在下，车缝门襟到领口前中心线位置；挂面底角位置对齐。

③ 为防止成衣后挂面底部有毛边外露，通常在勾合前先把挂面底部毛边折进 0.5 cm 左右，这样挂面底部就被折光了。

2. 翻烫止口

① 将衣服从里面翻出表面。

② 在烫台上用熨斗扣烫左右两边的门襟止口，前片门襟略吐出 0.1 cm。

自此，表、里勾合工段完成；为保持衣服造型，将做好的衣身挂穿在衣架上。

步骤四　领子工段

1. 做领子（图 2-2-31）

参照项目五女西装做领子工艺步骤，经过勾领子工艺、修烫领子工艺、翻烫领子工艺，完成休闲套装女上衣领子制作；注意在勾领子工艺中开始和结束位置都留出 1 cm 缝份不缝，这样装领子时面领、底领可分别与表布

图 2-2-31　合体梭织女上装做领子

领圈、里布领圈分别车缝,有利于装领子分缝。

2. 装领子

(1) 装领准备(图2-2-32)

① 在衣身的表布、里布的串口、领圈上分别划上净缝粉印;在领子面领、底领的串口、领圈上分别划上净缝粉印(划在布料反面)。

② 将领子的面领与衣身的表布领圈相对,领子的底领与衣身的里布领圈相对,分别明确领子、领圈的三刀眼对位点。

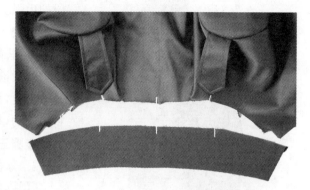

图2-2-32 合体梭织女上装装领准备

(2) 车缝领子(图2-2-33)

① 将底领与衣身里布挂面、领贴的领圈缝合;面领与衣身表布前片、后片的领圈缝合。

② 缝合领子从一边领圈的前中心位置开始到另一边领圈的前中心位置结束,领子与领圈三刀眼对齐,分别是后中心及左、右肩缝位置。

③ 缝份为1 cm,控制均匀。

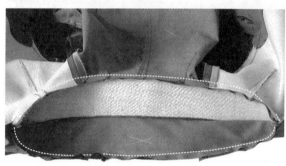

图2-2-33 合体梭织女上装车缝领子

(3) 装领缝份处理(图2-2-34)

① 修剪缝份:将车缝面领、底领的两道装领子缝份都修剪到0.6 cm。

② 烫开缝份:在烫墩上用熨斗将车缝面领、底领的两道装领子缝份都分开烫平。

③ 装领子外观要求在串口线位置面领与底领两层不能脱开、不能移位,在领圈位置面领与底领两层不能脱开、不能

图2-2-34 合体梭织女上装装领缝份处理

移位,因此,要将装领子面领与底领的两道缝份之间相对固定。

④ 在领子里面面领与底领的缝份之间可以放置一层双面黏胶衬,在表面上下缝份位置对齐后,用熨斗蒸汽一烫就可以固定;在领子里面将面领、底领两层烫开的缝份之间位置对齐,然后用缝线固定,可以手缝也可以车缝。

(4) 缉止口(图2-2-35)

门襟、领子表面缉0.6 cm明止口线,从一侧挂面底部开始,经过门襟、领子到另一侧门襟,回到挂面底部结束。

自此,合体梭织女上装领子工段完成,准备下一步完成袖口、下摆工艺。

步骤五　袖口、下摆工段

1.勾合袖口(参照项目六休闲套装上衣勾合袖口工艺,如图2-2-36所示)

图2-2-35　合体梭织女上装缉止口

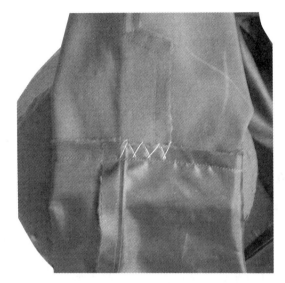

图2-2-36　合体梭织女上装勾合袖口

①在袖口位置对齐表布和里布的前、后袖缝,然后从下摆位置伸手进入表布和里布中间将表布和里布的袖口按对齐的位置拉出车缝。

②车缝时表布贴边与里布袖口的表面相对,一般表布在上、里布在下,将前、后袖缝位置分别对齐车缝一周,止口控制均匀,松紧关系控制均匀,里布松的话可在袖缝位置折细褶。

③车缝完毕将表布贴边沿烫折印翻起折平,在前、后袖缝的缝份位置用三角针法固定袖口贴边。

④最后将拉出的袖口翻回里面。

2.勾合下摆(参照项目六休闲套装上衣勾合下摆工艺,如图2-2-37所示)

图2-2-37　合体梭织女上装勾合下摆

①车缝下摆:从下摆部位翻进衣身的里面,在下摆部位将表布与里布相对应的侧缝、后中缝对齐,将表布的下摆贴边与里布的下摆车缝拼合;车缝时一般表布贴边在上、里布在下,根据表布来调整里布的松紧,里布宽松的情况下可在每个缝份里折细褶;为防止挂面底部里布不平,下摆两头预留2.5 cm不缝。在后片合适位置预留10 cm左右的下摆豁口,方便将衣服翻回表面后再封口。

② 固定下摆贴边：为了让成衣以后的下摆贴边比较服帖平整，按照扣烫好的下摆贴边折印，在表布缝份位置将车缝好的下摆贴边用三角针法固定；下摆贴边的三角针做好后，将整个衣身从预留的下摆豁口部位翻回到衣身表面。

3. 封下摆豁口、封挂面底角

① 封下摆豁口（参照项目四收省女马甲工艺）：在下摆贴边表面拿住预留豁口的两端，用单股线的暗缲针将里布缲在表布的贴边上；注意暗缲针控制针距在 0.5 cm 左右，起始位置的线头不要留在外面。

② 封挂面底角（参照项目五女西装工艺）：在衣身表面将挂面底角的里布向上折进整理平整，将挂面底角处的表、里两层整理平整，拿住挂面底角用单股线的撩针法封底角，针距为 0.1～0.2 cm，将挂面与表布贴边缝在一起；注意控制缝线不松不紧，起始位置的线头不要留在外面。

自此，合体梭织女上装表布工段，里布工段，表、里勾合工段，领子工段，袖口、下摆工段均告完成，将做好的衣服套穿在人台上进行外观整理。

五、任务评价

（一）评价方案

评价指标	评 价 标 准	评价依据	权重	得分
结构设计	A：立体裁剪材料准备充分、人台标识正确、立体裁剪操作合理；衣身平面结构调整步骤正确，袖子结构制图与衣身袖窿结构匹配，领子结构制图与衣身领圈结构匹配，口袋、叠门、挂面结构制图与衣身结构匹配，结构合理，线条清楚； B：立体裁剪材料准备较充分、人台标识基本正确，立体裁剪操作基本合理；衣身平面结构调整步骤基本正确，袖子结构制图与衣身袖窿结构基本匹配，领子结构制图与衣身领圈结构基本匹配，口袋、叠门、挂面结构制图与衣身结构基本匹配，结构基本合理，线条较清楚； C：立体裁剪材料准备欠充分、人台标识不够正确，立体裁剪操作欠合理；衣身平面结构调整步骤欠正确，袖子结构制图与衣身袖窿结构欠吻合，领子结构制图与衣身领圈结构欠吻合，口袋、叠门、挂面结构制图与衣身结构欠吻合，结构欠合理，线条欠清楚	人台标识线、立体裁剪衣片；1：1衣身制图；1：1袖子制图；1：1领子制图；口袋、叠门、挂面制图	30	
纸样设计与制作	A：表布纸样制作齐全，里布纸样制作齐全，净样板制作齐全，结构合理，标注清楚； B：表布纸样制作基本齐全，里布纸样制作基本齐全，净样板制作基本齐全，结构基本合理，标注基本清楚； C：不能正确合理地进行表布纸样制作；不能正确合理地进行里布纸样制作；不能正确合理地进行净样板制作	表布工业纸样；里布工业纸样；净样板	10	
样衣制作	A：能合理进行面辅料检验、整烫、整理；能根据操作正确性、便利性合理铺料；排料方法正确，裁片丝缕正确，最大限度节省长度方向用料；裁剪顺序、方法合理，裁片丝缕、正反面正确，裁片与纸样吻合；表布工段、里布工段，表、			

(续表)

评价指标	评 价 标 准	评价依据	权重	得分
	里勾合工段,领子工段,袖口、下摆工段工艺方法正确,工艺符合质量要求;风纪钩位置合理,大小匹配; B:能基本合理进行面辅料检验、整烫、整理;铺布方式基本正确;排料方法基本正确,裁片丝缕基本正确,节省长度方向用料;裁剪顺序、方法较合理,裁片丝缕、正反面较正确,裁片与纸样较吻合;表布工段,里布工段,表、里勾合工段,领子工段,袖口、下摆工段工艺方法基本正确,工艺基本符合质量要求;风纪钩位置较合理,大小基本匹配; C:面辅料正反面不分,整烫不到位或没整烫;铺料欠平整,正反面不合理,布边不齐;排料顺序、方法欠合理,不能做到合理节省用料;裁剪顺序、方法欠合理,裁片丝缕、正反面欠正确,裁片与纸样欠吻合;表布工段,里布工段,表、里勾合工段,领子工段,袖口、下摆工段工艺方法欠正确,工艺质量要求有较大偏差;风纪钩位置欠合理,大小有较大偏差	梭织套装女上衣面辅料;铺料操作;排料操作;面辅料裁剪;缝制工艺;锁眼钉扣	30	
课堂纪律	A:上课认真,态度端正; B:上课较认真,态度较端正; C:常有迟到、早退、缺课现象,不遵守课堂纪律	课堂表现	10	
学习习惯	A:上课准备充分,作业认真及时; B:上课准备较充分,作业基本认真及时; C:上课不准备,不能认真及时完成作业	课前及课后作业表现	10	
岗位习惯	A:积极做好卫生工作,按规定进行操作; B:能做好卫生工作,基本按规定进行操作; C:不能做好卫生工作,不能按规定进行操作	课堂及课后表现	10	
总 分				

(二)样衣制作质量细则

梭织套装上衣质量评分表

项目	序号	质量标准	轻缺陷	扣分	重缺陷	扣分	严重缺陷	扣分
规格 (10分)	1	衣长规格正确,不超极限,偏差±1.0 cm	超偏差50%内		超50%~100%内		超100%以上	
	2	胸围规格正确,不超极限,偏差±2.0 cm	超偏差50%内		超50%~100%内		超100%以上	
	3	肩宽规格正确,不超极限,偏差±0.8 cm	超偏差50%内		超50%~100%内		超100%以上	
	4	袖长规格正确,不超极限,偏差±0.8 cm	超偏差50%内		超50%~100%内		超100%以上	
	5	袖口规格正确,不超极限,偏差±0.3 cm	超偏差50%内		超50%~100%内		超100%以上	
领 (20分)	6	领子平服,顺直,端正	轻不平服,顺直		重不平服,顺直			
	7	领角左右对称,大小一致	互差0.2 cm,反翘		互差>0.3 cm,重反翘		互差>0.5 cm	

（续表）

项目	序号	质量标准	轻缺陷	扣分	重缺陷	扣分	严重缺陷	扣分
领（20分）	8	领面不反吐，止口	有		重反吐			
	9	绱领平服，无弯斜	有，弯斜>0.5 cm		弯>1.0 cm		弯>1.5 cm	
	10	领窝平服，不起皱	有皱		重起皱		严重起皱	
	11	领省平服，顺直，左右对称	不顺直，平服互差>0.5 cm		起泡 左右互差>0.4 cm			
	12	绱线顺直，松紧适宜	轻不平服顺直		重弯曲，皱			
门里襟与袋（20分）	13	门里襟平服，顺直	轻不平服，顺直		重不平服，顺直		严重弯斜	
	14	门里襟长短一致	门长里>0.4 cm		门长里>0.7 cm 门短于里襟		互差>1.0 cm	
	15	门里襟止口不反吐	有反吐		重反吐		全部反吐	
	16	袋位高低进出一致	互差0.5 cm以上		互差>0.8 cm			
	17	口袋平服，大小一致，袋盖止口不反吐	袋口，袋盖互差>0.4 cm，轻反吐		>0.8 cm，重反吐			
	18	贴袋与袋盖窝服，绱线顺直，牢固	轻不平服，弯		重不平服，弯		严重弯斜	
	19	袋盖左右对称，袋角方正	互差>0.4 cm 轻不方正		互差>0.2 cm 重不方正		互差>0.3 cm 严重毛出，不方正	
肩胸（10分）	20	肩部平服，肩缝顺直	轻不平服，弯		重弯，皱			
	21	小肩窄宽左右一致	互差>0.4 cm		互差>0.7 cm			
	22	胸省平服，顺直，左右对称	不顺直，平服互差>0.5 cm		起泡 左右互差>0.4 cm			
	23	胸部丰满挺括，位置适宜	轻，不对称		重不对称，丰满			
腰部（12分）	24	胸省位置适宜，大小左右对称	长短互差>0.5 cm 左右互差>0.4 cm		长短互差>0.8 cm 左右互差>0.7 cm			
	25	腰部、摆部平服顺直	轻不平服		重不平服			
	26	腰省（肋）平服顺直，长短左右对称	长短互差>0.5 cm 左右互差>0.4 cm		长短互差>0.8 cm 左右互差>0.7 cm			
袖（12分）	27	装袖圆顺，顺势均匀	轻不圆顺均匀		重皱			
	28	两袖前后适宜，左右一致	一只前后		二只前后		严重弯斜	

（续表）

项目	序号	质量标准	轻缺陷	扣分	重缺陷	扣分	严重缺陷	扣分
袖（12分）	29	两袖不翻不吊	有翻、吊		二只均有			
	30	袖缝线顺直，平服	轻不顺直		严重弯曲			
	31	袖衩、扣左右一致，袖方向均匀对称	衩、扣互差>0.5 cm		两衩反向			
里子底边（8分）	32	表布与里布松紧一致	轻不一致		里距底边、袖口<0.5 cm		里子外露	
	33	底边顺直，窄宽一致	宽窄互差>0.4 cm		宽窄互差>0.5 cm		严重弯斜	
	34	挂面底角花绷针脚均匀，不外露	起皱，外露		针脚<5针/3 cm			
整洁与牢固（8分）	35	针码>12针/3 cm（明线）	少于12针/3 cm					
	36	表面有浮线，极光	浮线1处		极光，浮线多于2处			
	37	产品整洁无线头，污渍	有		表面2根线头，里面4根线头，污渍在2 cm²以内			
	38	无断线或轻微毛脱	长度<0.5 cm		>0.5 cm，<1.0 cm			
100		合　计						

备注：
一、出现下列情况扣分标准如下：
　1. 凡各部位有开、脱线长度>1 cm以上应扣3～5分，部位是：＿＿＿＿＿＿＿＿＿
　2. 严重污渍，表面在2 cm²以上扣4～8分，部位是：＿＿＿＿＿＿＿＿＿
　3. 丢工、缺件，做错工序，各扣4～8分，部位是：＿＿＿＿＿＿＿＿＿
　4. 烫黄、变质、残破，各扣4～15分，部位是：＿＿＿＿＿＿＿＿＿
　5. 黏合衬严重起泡、脱胶、渗胶扣3～5分，部位是：＿＿＿＿＿＿＿＿＿
二、轻缺陷扣1分、重缺陷扣2分、严重缺陷扣3分。
说明：凡在备注中出现的扣分规定中的项和细则中各序号中的项目相同，如同时出现质量问题，不再重复扣分（在此扣除原细则序号中的扣分）。

考核结果	质量：应得100分。扣＿＿＿＿＿＿分，实得＿＿＿＿＿＿分。	评分记录	

六、实训练习

（一）题目：按款式要求完成一款合体梭织套装上衣结构设计与工艺。

（二）要求：

1. 能抓住款式和材料特点进行款式结构分析；

2. 能合理进行结构设计；

3. 能合理进行纸样设计与制作；

4. 能参照质量要求进行样衣制作。

项目三　平面型女上装结构
设计与工艺

在日常生活中常见的女上装,除了适体型、立体型女上装之外,我们还经常能接触到一些平面型女上装,这部分女上装通常放松量较大、不讲究体现女性曲线美,但它讲究的是服装整体结构的造型美感以及服装内部各部件之间的比例美感。平面型女上装的制板通常是首先依据款式要求和尺寸要求进行平面结构设计,然后通过试样来进行适当的结构调整和补正,最终获得合适的平面纸样。

项目九是平面型恤衫,采用类似衬衫的单层服装工艺;项目十是平面型外套,采用类似大衣的双层服装工艺。

任务一　平面女衬衫结构设计与工艺

一、任务目标

1. 以宽松平面型女衬衫为例,掌握宽松平面型女上装的款式特点与结构特征。
2. 会制订宽松平面型女上装的号型规格表。
3. 会进行宽松平面型女上装的结构制图。
4. 会进行宽松平面型女上装的纸样设计与制作。
5. 以宽松平面型女衬衫为例,会进行衬衫面辅料整理。
6. 以宽松平面型女衬衫为例,掌握衬衫铺布、排料及裁剪工艺。
7. 掌握宽松平面型女衬衫的衣身缝制工艺。
8. 掌握上下节衬衫领缝制工艺。
9. 掌握宝剑头袖衩、带袖头衬衫长袖缝制工艺。
10. 以宽松平面型女衬衫为例,掌握宽松平面型女衬衫工艺流程。

二、任务描述

以宽松平面型女衬衫典型款式为例,引导学生进行款式特点分析,在此基础上进行宽松平面型女上装的结构特征分析;以现行国家标准的女子中间体为例,在其主要控制部位号型规格的基础上引导学生进行放松量设计,规范合理地制订成品号型规格表;围绕宽松平面型女上装省道结构原理与运用技巧,在成品号型规格表的基础上引导学生进行平面结构制图,并在此基础上进行纸样设计与纸样制作。

以宽松平面型女衬衫典型款式为例,根据款式要求进行面辅料的配置与整理;根据制作完成的宽松平面型女衬衫典型款式纸样,合理进行铺布、排料、裁剪工艺;依据衬衫工业化生产工艺流程及女衬衫质量技术要求,指导学生完成衣身工艺、领子工艺、袖子工艺,并在此基础上进--步完成后整理、锁眼钉扣及成品质量检验工作。

三、相关知识点

1. 宽松平面型女衬衫的款式结构分析要点。

2. 宽松平面型女上装的放松量设计要点。

3. 成品号型规格表相关知识。

4. 宽松平面型女上装的衣身结构制图思路与步骤。

5. 领子结构、袖子结构与衣身结构的相关性。

6. 宽松平面型女衬衫纸样制作的相关知识。

7. 衬衫面辅料配置的相关性。

8. 衬衫面辅料整理要点。

9. 衬衫工业化生产工艺流程。

10. 女衬衫质量技术要求。

11. 衬衫衣身、领子、袖子工艺的相关性。

四、任务实施

过程一　款式结构分析

两开身衣身结构,后片肩部有过肩分割,宽松平面型结构,衣身的肩宽、三围都有较大放松量,从胸围到下摆为直身形,袖子的袖肥、袖长也有较大放松量,袖山较低,领围也有一定放松量;前身有两个风琴褶的贴袋,加袋盖,后身中心有活褶;袖子是一片式宽松袖,袖口加袖头,宝剑头袖衩;领子为上下节男式衬衫领,分为翻领和领座两部分。

平面女衬衫款式

面料:11076 涤棉衬衫布

辅料:20 g 无纺衬

1.2 cm 直径衬衫钮扣

过程二 结构设计

(一)成品号型规格设计

1. 号型规格表(单位:cm)

平面女衬衫成品号型规格如下表所示:

号型	肩宽	胸围	腰围	摆围	后中长	袖长
160/84A	42	104	104	104	72	60

2. 放松量设计

肩宽在自然全肩宽的基础上每边加放 2 cm 左右的松量,肩斜角度相对于水平线较小;胸围放松量为 20 cm,没有胸腰差,摆围大小同胸围,衣长至臀围线以下为 15 cm 左右,;袖山较低,袖肥较大,袖长放松量为 4~5 cm,袖子比较宽松。

(二)结构制图

步骤一 衣身结构制图要点(先后片再前片,如图 3－1－1 所示)

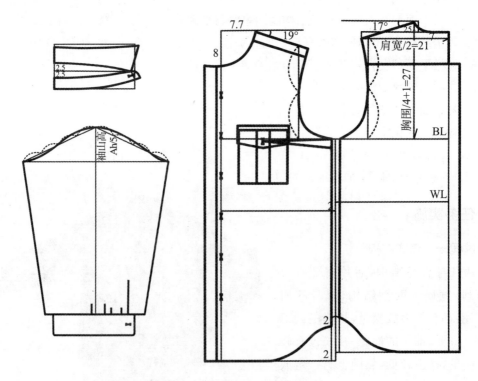

图 3－1－1 平面女衬衫结构制图

1. 后片结构

① 后中心线:后中长 72 cm;

② 后横开领:净胸围/12＋1 cm＝8 cm;

(注:净胸围/12 为原型横开领,刚好位于女子中间体的侧颈点位置)

③ 后直开领：2.5 cm；

④ 后片肩斜角度为 17°；

⑤ 后片肩端点：肩宽/2＝21 cm；

⑥ 后片胸围线位置从侧颈点向下量：成衣胸围/4＋1 cm＝27 cm；

⑦ 后背宽线：肩端点进 1.5 cm；

⑧ 后片胸围：成衣胸围/4＝26 cm。

2. 前片结构

① 延长后片胸围线量前片胸围：成衣胸围/4＝26 cm，确定前中心线；

② 侧缝腋下位置预留胸省 2 cm；

③ 后片腰节线下降 2 cm 位置确定前片腰节线；

（注：出于腰节以上前后片侧缝长度相等的考虑）

④ 后片衣长线下降 2 cm 位置确定前片衣长线；

（注：出于腰节以下前后片侧缝长度相等的考虑）

⑤ 依据前腰节长＝后腰节长（从后片侧颈点量到后腰节线），确定前片侧颈点高度；

（注：腰节长是从侧颈点垂直量到腰节线的距离）

⑥ 前横开领：后横开领－0.3 cm＝7.7 cm；

⑦ 前直开领：8 cm；

（注：当前直开领为 7 cm 左右，刚好位于女子中间体的前颈点位置）

⑧ 前片肩斜角度为 19°；

⑨ 前小肩＝后小肩；

（注：小肩是指衣片肩线的长度）

⑩ 前胸宽线：前胸宽＝后背宽－1 cm。

3. 领圈与袖窿

① 肩缝拼合后前后领圈能顺利过渡；

② 肩缝拼合后前后袖窿能顺利过渡。

步骤二　领子结构制图要点

① 下领弧线＝后领圈弧线＋前领圈弧线＋叠门；

② 下领弧线前中心起翘量是 2.5 cm 左右；

③ 上领弧线后中心起翘量是 2.5 cm 左右。

步骤三　袖子结构制图要点

① 袖山高：AH/5（注：AH 是整个袖窿弧线长度）；

② 袖山弧长＝袖窿弧长。

过程三　纸样设计与制作

（一）纸样处理

1. 前片纸样处理（图 3－1－2）

① 省道转移：由于宽松平面型女装不需要胸部立体造型，因此将预留的 2 cm 胸省量直

接在侧缝的下摆位置减去。

② 修正纸样轮廓线：修正侧缝、下摆轮廓线。

2. 后片过肩分割(图3-1-3)

① 校对前后片肩缝,修正到长度吻合。

② 前片肩部分割,与肩线平行分割2 cm。

③ 拼合过肩,将前片分割下来的小部分拼合到后片肩部,注意肩缝对应重合。

④ 修正拼合后的过肩,领圈、袖窿部位过渡圆顺。

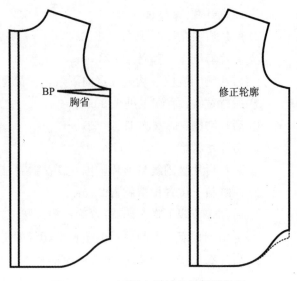

图3-1-2 平面女衬衫前片纸样处理

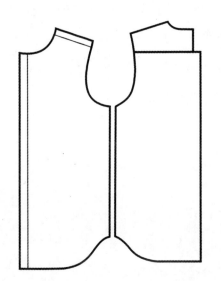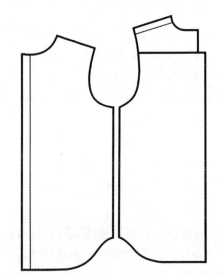

图3-1-3 平面女衬衫后片纸样处理

(二) 纸样制作

1. 表布样板制作(图3-1-4)

① 下摆贴边放缝1.2 cm;

② 其余部位各放缝1 cm;

③ 对位刀眼:

a. 领子与领圈三刀眼位置:左肩缝、后中心、右肩缝;

b. 袖子与袖窿三刀眼位置:前袖窿(单刀眼)、肩缝、后袖窿(双刀眼);

c. 前、后衣身腰节位置;

d. 领圈前中心位置;

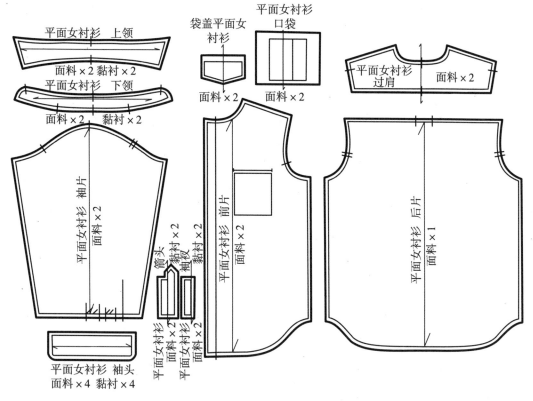

图 3-1-4 平面女衬衫纸样制作

e. 袖口褶裥位置、开衩位置；

f. 上下领对合位置。

2. 净样板制作（图3-1-5）

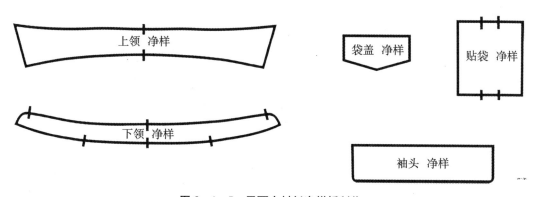

图 3-1-5 平面女衬衫净样板制作

① 上领；

② 下领；

③ 袖头；

④ 袋盖；

⑤ 贴袋。

过程四　样衣制作

（一）面料整理

将面料门幅居中对折、正面相对、两布边对齐，在烫台上放平，将熨斗调到合适温度，打开蒸汽开关沿经纱方向来回按次序熨烫面料，注意控制熨斗对面料的压力不能太重，以不移动面料为宜，蒸汽熨斗缓慢移动，以确保面料每个部位都被蒸汽熨斗充分熨烫；蒸汽熨斗烫完后，将面料放平晾干。

（二）铺布

将面料门幅居中对折双层铺料，正面相对，布边对齐，为方便排料与裁剪操作，将布边一侧靠近操作者身体一侧的桌子边，并且与桌子边平行，距离均匀3～5 cm，这样就可以把桌子边看成是面料经纱方向。

（三）样板排料

平面女衬衫的单件排料如图3-1-6所示。

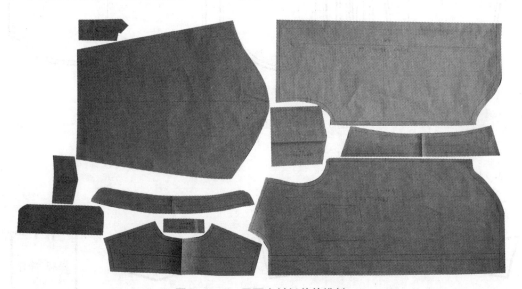

图3-1-6　平面女衬衫单件排料

① 布料门幅宽140 cm；

② 铺布方式：沿经纱方向双层对折铺料，面料正面与正面相对；

③ 排料方法：

a. 先大后小：前片、后片、袖片等面积大的先排，领子、袖头、门襟等面积小的找空档穿插；

b. 保证裁片数量；

c. 保证样板丝缕线与面料经纱方向一致；

d. 尽量保证裁片顺向一致；

e. 为避免经向色差，相邻裁片尽量在同一纬线方向排开。

④ 控制面料长度方向用料,中心褶女衬衫用料长度为(衣长+袖长+10 cm)。

（四）裁剪

平面女衬衫单件裁片如图3-1-7所示。

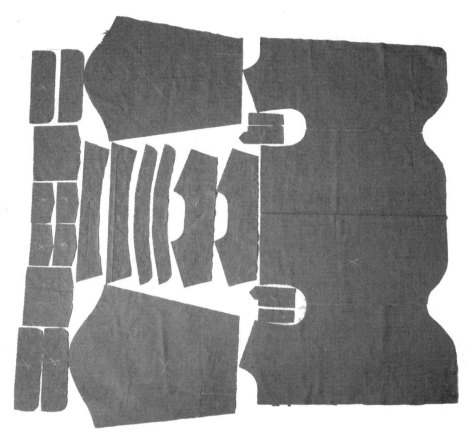

图3-1-7 平面女衬衫单件裁片

1. 裁片数量（单位：片）

后片×1;前片×2,注意对称性;袖子×2,注意对称性;上领×2;下领×2;袖头、大袖衩、小袖条×2。

2. 粘衬数量（单位：片）

上领×1,领面黏衬;下领×1,领面黏衬;袖头×2,袖头面黏衬。

3. 做好对位标记

裁片轮廓边缘打对位刀眼:腰节线位置有前片、后片腰节点、袖片袖肘位置点;袖山袖窿对位三刀眼,袖山前袖标刀眼对袖窿前袖标刀眼,袖山后袖标刀眼对袖窿后袖标刀眼,袖山顶点刀眼对袖窿肩缝点,其中为了方便区分袖山和袖窿的前后而在前一侧都打一个刀眼、后一侧都打一对刀眼(两个刀眼间距均匀,通常1 cm左右);上领片居中位置点,上下领缝合起始点,下领与领圈对位三刀眼,下领的中心刀眼对后领圈中心刀眼,下领的左右肩缝刀眼分别对领圈的左右肩缝点;其他部位有袖口褶裥位置、开衩位置。

裁片轮廓内部点省位：贴袋、袋盖位置，注意左右衣片对称性。

4. 做好裁片反面标记

用划衣粉轻轻在反面做上记号。

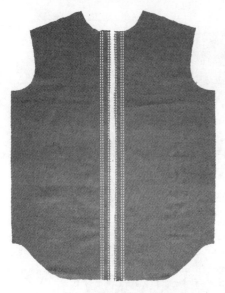

图 3-1-8　平面女衬衫门襟工艺

② 修剪缝份：两层一齐修剪至 0.5 cm，袋盖角处修剪至 0.3 cm；

③ 袋盖运返：将勾好的袋盖表面翻出，注意袋盖角线头不可拉力过猛；

④ 缉袋盖止口：沿袋盖运返后的三边骑坑缉 0.1 cm 止口线，再离止口线 0.6 cm 平行缉线。

图 3-1-10　平面女衬衫做贴袋

（五）缝制工艺

步骤一　衣身工段

1. 前片工艺

（1）门襟工艺（图 3-1-8）

① 扣烫门襟：第一道扣烫将 1 cm 缝份向内折光；第二道扣烫将 2.5 cm 贴边向内折烫均匀；

② 缉门襟贴边止口：沿 2.5 cm 贴边的 1 cm 折烫线骑坑缉 0.1 cm 止口线，再离止口线 0.6 cm 平行缉线，从里面缉出表面，距离门襟止口 2.5 cm；

③ 门襟条另一边对称缉双止口线。

（2）做袋盖（图 3-1-9）

① 勾袋盖：袋盖表面相对，沿净缝线三周勾缉 1 cm，注意袋盖角最尖一针埋入线头（辅助翻袋盖角用）；

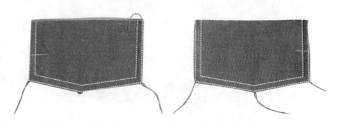

图 3-1-9　平面女衬衫袋盖工艺

（3）做贴袋（图 3-1-10）

① 收工字褶：按照裁片刀眼位置折工字褶，在工字褶两头用车缝固定。

② 缉线：把袋布翻到表面，在外工字褶表面缉 0.6 cm 明止口线。

③ 袋口卷边：贴袋口折进 1 cm、卷 1.5 cm，1.5 cm 止口线从里面缉出表面。

④ 扣烫贴袋：贴袋口的三边按净样板折起扣烫。注意带底尖角居中，两

角斜度对称。

（4）钉贴袋、袋盖（图3-1-11）

① 划袋位：按照样板在衣片上对称划好口袋、袋盖的位置；

② 车缝贴袋：将扣烫好的贴袋放上袋位，从口袋的一角开始车缝贴袋，经过口袋底部回到口袋的另一角结束，缉0.1 cm、0.6 cm双止口线，开始、结束的袋角位置均倒回针使袋角牢固。

③ 车缝袋盖：划好袋盖宽，按照口袋顺向将袋盖车缝到衣身袋盖位置，修剪缝份到0.6 cm，将袋盖翻下袋口，在袋盖表面缉0.1 cm、0.6 cm双止口线，注意开始、结束的袋角位置均倒回针使袋角牢固。

图3-1-11　平面女衬衫钉贴袋、袋盖

2. 后片工艺（图3-1-12）

① 收工字褶：按照裁片刀眼位置折工字褶，将内工字褶用车缝固定。

② 拼合过肩：两层过肩表面相对，将后片夹在两层过肩中间，三层一起车缝固定；

③ 缉明线：与后片表面相对的一面作为过肩表层，在过肩表面缉0.1 cm、0.6 cm双止口线，缉住过肩表面和里面的缝份，过肩里层翻下不缝。

3. 拷肩缝（图3-1-13）

① 拼合肩缝：过肩表层在上，过肩里层在下，前片表面朝上，将前片肩缝夹在两层过肩肩缝中间，三层一起车缝，注意从后领圈里面翻出车缝，车缝结束翻回表面。

② 缉明线：在肩缝表面缉0.1 cm、0.6 cm双止口线。

图3-1-12　平面女衬衫拼过肩

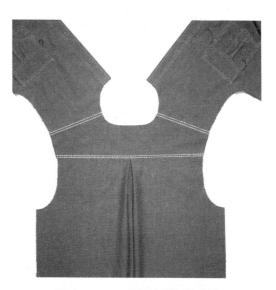

图3-1-13　平面女衬衫拷肩缝

步骤二 袖工段

1. 做袖衩

（1）扣烫小袖衩（图3-1-14）

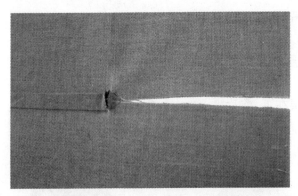

图3-1-14 平面女衬衫扣烫小袖衩

（2）扣烫大袖衩（图3-1-15）

① 先将两边止口1 cm扣烫干净；

② 再对折扣烫一道，使上下两边形成大小边，下边吐出0.1 cm左右；

③ 把宝剑头两边扣烫折光。

（3）装小袖衩（图3-1-16）

① 开衩：在袖片里面划好袖衩位置并剪开袖衩，注意头上留0.6 cm不剪开；

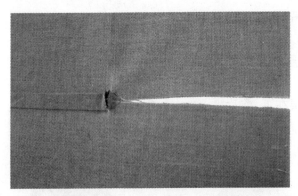

图3-1-16 平面女衬衫装小袖衩

将剪开的袖衩边塞入小袖衩扣烫的两层中间；

② 从袖子表面的小袖衩止口骑坑缉0.1 cm止口线，将袖子里面的一边一起缉住。

（5）车缝大袖衩（图3-1-18）

① 剪开袖衩两边的其中一边已经与小袖衩缝合，将另一边塞入大袖衩扣烫好的两层中间，注意这时宝剑头高度合适；

② 从开衩位置垂直于开衩方向起针，垂直缝到大袖衩表面的另一边，接着

① 在烫台上用熨斗扣烫小袖衩条，先将两边止口1 cm扣烫干净；

② 再对折扣烫一道，使上下两边形成大小边，下边吐出0.1 cm左右。

图3-1-15 平面女衬衫扣烫大袖衩

② 钉小袖衩：在里面车缝固定小袖衩，刚好在袖衩位置上（距离剪开线0.6 cm），让剪开线在小袖衩条宽的居中位置，车缝两端，要牢固；

③ 剪三角：在袖衩剪开线的顶端分别朝小袖衩缝住的两端剪三角，注意不能剪断缝线。

（4）车缝小袖衩（图3-1-17）

①.将装好的小袖衩条翻向袖口一侧，同时从里面翻出袖子表面，这时让小袖衩条吐出的一边刚好位于袖子里面，

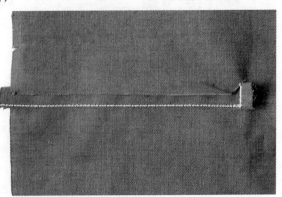

图3-1-17 平面女衬衫车缝小袖衩

在大袖衩表面兜绲 0.1 cm 止口线,知道从袖衩边绲出袖口位置,注意绲住大袖衩里面的另一边。

2. 上袖(图 3 - 1 - 19)

上袖子采用包缝工艺,衣身包袖子。

① 扣烫内包缝:将袖窿缝份向里面扣烫 0.6 cm;

② 袖子与衣身里面相对,对齐上袖三刀眼位置;

③ 上包缝:袖子与袖窿里面相对,将袖山缝份塞入扣烫好的袖窿包缝里面,0.6 cm 止口控制均匀;

④ 盖包缝:翻到袖窿表面,沿包缝绲 0.1 cm 止口线,注意与第一道上袖线距离保持宽窄一致。

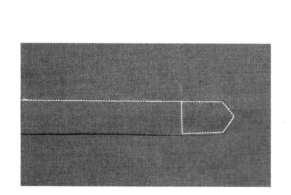

图 3 - 1 - 18 平面女衬衫车缝大袖衩

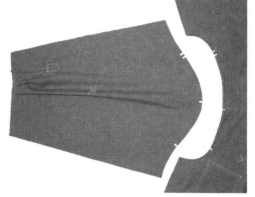

图 3 - 1 - 19 平面女衬衫上袖

3. 拷摆缝(图 3 - 1 - 20)

和上袖子一样,拷摆缝采用包缝工艺,后身包前身。

① 扣烫内包缝:将后身摆缝的缝份向里面扣烫 0.6 cm;

② 将衣身里面摊开相对,对袖窿底部十字缝位置;

③ 车包缝:前、后摆缝里面相

图 3 - 1 - 20 平面女衬衫拷摆缝

对,将前身摆缝的缝份塞入扣烫好的后身摆缝的包缝里面,0.6 cm 止口控制均匀;

④ 盖包缝:翻到摆缝表面,沿包缝绲 0.1 cm 止口线,注意与第一道车包缝线距离保持宽窄一致。

4. 做袖头

(1) 勾袖头(图 3 - 1 - 21)

① 袖头有表里之分,表层在和里层一样烫 20 g 左右无纺衬之外,再加烫一层 40 g 树脂净衬;

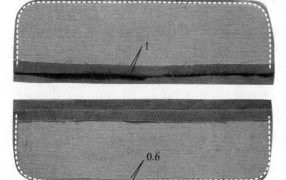

图 3-1-21　平面女衬衫勾袖头

5. 上袖头(图 3-1-22)

① 袖头车缝一道：做好的袖头从里面与袖口边对齐，车缝一道 1 cm 止口线，注意袖头的两端与袖开衩的两端对齐；

② 袖头盖缝一道：将车缝好的袖头翻到表面，袖头扣烫好的止口边在袖片上盖缝一道骑坑 0.1 cm 止口线，并且绕袖头一周，再离止口线 0.6 cm 平行再缉明线一圈，注意止口不能反吐。

步骤三　领工段

1. 做领

图 3-1-23　平面女衬衫上领粘衬

上划净缝线。

(2) 勾上领(图 3-1-24)

① 将上领的领面、领里表面相对，沿净缝线三周勾缉 1 cm，注意领角最尖一针埋入线头(辅助翻领角用)，起止位置距离净缝线留出 0.5 cm 左右不缝(以便于上领时放

② 将袖头表面的袖口缝份向内折进 1 cm，缉 0.6 cm 止口线；

③ 兜缉袖头：将袖头表、里两层正面相对，兜缉袖头缝份 1 cm；

④ 修剪缝份：将勾袖头缝份修剪至 0.6 cm。

(2) 烫袖头

将袖头从里面运返翻出表面，注意两端袖头圆角要圆顺，将止口充分翻出后扣烫，两袖头对称烫平。

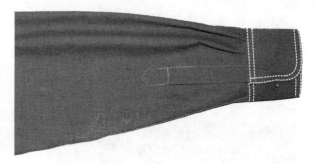

图 3-1-22　平面女衬衫上袖头

(1) 上领粘衬(图 3-1-23)

① 无纺粘衬：上领的领面用一层 20 g 无纺衬。

② 树脂衬：在领面上用一层 40 g 树脂衬净衬。

③ 领面划净样：在领面的无纺衬

图 3-1-24　平面女衬衫勾上领

入平缝机压脚边）。

　　② 修剪缝份：两层一齐修剪至 0.5 cm，领角处修剪至 0.3 cm。

　　③ 领面领里运返：将勾好的领子表面翻出，注意领角线头不可拉力过猛。

　　④ 整烫领子：将勾领子三周的止口充分烫出烫匀。

　　（3）勾合上、下领（图 3 - 1 - 25）

　　① 下领粘衬：下领的领面用一层 20 g 无纺粘衬；在领面上再粘净样树脂衬。

　　② 对位标记：在下领裁片上做好装领子三刀眼标记。

图 3 - 1 - 25　平面女衬衫勾合上、下领

　　③ 缝合上、下领：下领面在上、下领里在下，正面相对，将做好的上领领面朝上夹在两层下领中间，沿净缝线勾合上、下领。

图 3 - 1 - 26　平面女衬衫修、翻、烫领工艺

　　④ 扣烫缝份：将勾合上、下领的缝份向内扣烫。

　　（4）修、翻、烫领（图 3 - 1 - 26）

　　修剪缝份，两圆头留 0.3 cm，其余留 0.5 cm，将两层下领运返并熨烫，然后修剪装领缝份至 0.8 cm，定出对位记号，准备装领。

　　2. 装领

　　（1）装领准备工作

　　做好领子、领圈的对位标记；比对领子领圈的松紧程度，领子略紧于领圈为好。

　　（2）装领车缝一道（图 3 - 1 - 27）

　　下领的领里与领圈表面相对车缝一道，领子在上，领圈在下，止口 1 cm 控制均匀，注意控制领子三刀眼与领圈三刀眼的对位对齐。

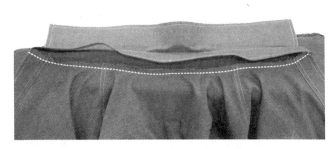

图 3 - 1 - 27　平面女衬衫装领车缝工艺

　　（3）上领盖缉一道（图 3 - 1 - 28）

　　装领盖缉一道：将下领领面的止口盖平第一道装领线，骑坑缉 0.1 cm 止口，注意装领三刀眼的对位。

图 3 - 1 - 28　平面女衬衫装领盖缉工艺

　　步骤四　卷底边

　　平面女衬衫卷底边工艺如图

图 3 - 1 - 29　平面女衬衫卷底边

3 - 1 - 29所示。

① 扣烫下摆底边：第一道扣烫将下摆底边的 0.6 cm 缝份向内折光，第二道扣烫再将下摆底边的 0.6 cm 贴边向内折烫均匀。

② 缉下摆：沿 0.6 cm 折烫线骑坑缉 0.1 cm 止口线，从里面缉出表面，距离下摆止口0.6 cm。

五、任务评价

（一）评价方案

评价指标	评价标准	评价依据	权重	得分
结构设计	A：成品号型规格表格式、内容正确，放松量设计合理；衣身结构制图步骤正确，袖子与衣身袖窿结构匹配，领子与衣身领圈结构匹配，结构合理、线条清楚； B：成品号型规格表格式、内容基本正确，放松量设计较合理；衣身结构制图步骤基本正确，袖子与衣身袖窿结构基本匹配，领子与衣身领圈结构基本匹配，结构基本合理、线条较清楚； C：成品号型规格表格式、内容欠缺，放松量设计欠合理；衣身结构制图步骤欠正确，袖子与衣身袖窿结构欠吻合，领子与衣身领圈结构欠吻合，结构欠合理、线条欠清楚	成品号型规格表；1：1衣身制图、领子制图、袖子制图	20	
纸样设计与制作	A：前、后片纸样结构处理合理正确；纸样制作齐全，结构合理，标注清楚； B：前、后片纸样结构处理基本合理正确；纸样制作基本齐全，结构基本合理，标注基本清楚； C：不能正确进行前、后片纸样结构处理；不能正确合理地进行纸样制作	前、后片纸样结构处理；整套工业纸样	15	
样衣制作	A：能合理进行面辅料检验、整烫、整理；能根据操作正确性、便利性合理铺料；排料方法正确，裁片丝缕正确，最大限度节省长度方向用料，裁剪顺序、方法合理，裁片丝缕、正反面正确，裁片与纸样吻合；衣身工段、袖工段、领工段、卷底边工艺方法正确，工艺符合质量要求；锁眼、钉扣位置合理，大小匹配； B：能基本合理进行面辅料检验、整烫、整理；铺布方式基本正确；排料方法基本正确，裁片丝缕基本正确，节省长度方向用料，裁剪顺序、方法较合理，裁片丝缕、正反面较正确，裁片与纸样较吻合；衣身工段、袖工段、领工段、卷底边工艺方法基本正确，工艺基本符合质量要求；锁眼、钉扣位置较合理，大小基本匹配； C：面辅料正反面不分，整烫不到位或没整烫，铺料欠平整，正反面不合理，布边不齐；排料顺序、方法欠合理，不能做到合理节省用料；裁剪顺序、方法欠合理，裁片丝缕、正反面欠正确，裁片与纸样欠吻合；衣身工段、袖工段、领工段、卷底边工艺方法欠正确，工艺质量要求有较大偏差；锁眼、钉扣位置欠合理，大小有较大偏差	衬衫面辅料；铺料操作；排料操作；面辅料裁剪；缝制工艺；锁眼钉扣	35	

(续表)

评价指标	评 价 标 准	评价依据	权重	得分
课堂纪律	A：上课认真,态度端正; B：上课较认真,态度较端正; C：常有迟到、早退、缺课现象,不遵守课堂纪律	课堂表现	10	
学习习惯	A：上课准备充分,作业认真及时; B：上课准备较充分,作业基本认真及时; C：上课不准备,不能认真及时完成作业	课前及课后作业表现	10	
岗位习惯	A：积极做好卫生工作,按规定进行操作; B：能做好卫生工作,基本按规定进行操作; C：不能做好卫生工作,不能按规定进行操作	课堂及课后表现	10	
总　　分				

(二)样衣制作质量细则

平面女衬衫质量评分表

项目	序号	质 量 标 准	轻缺陷	扣分	重缺陷	扣分	严重缺陷	扣分
领 (25分)	1	领子平服,领面松紧适宜,不起皱	轻起皱		重起皱,反翘		严重起皱,反翘	
	2	领尖左右、长短一致	互差0.1 cm		互差0.2 cm		互差0.3 cm以上	
	3	领止口不反吐	轻反吐		重反吐		严重反吐	
	4	上领缉线顺直	互差>0.1 cm		互差>0.2 cm			
	5	上领无接线或跳针领角方正	轻不方正		重不方正			
	6	缉领无偏斜	偏斜0.5 cm		偏斜>0.8 cm		偏斜>1.0 cm	
	7	下盘头无探出	探出>0.1 cm		探出>0.2 cm		探出>0.3 cm	
	8	下盘头对比互差<0.1 cm	互差>0.2 cm		互差>0.3 cm			
	9	下盘头缉线圆顺	轻不圆顺		重不圆顺			
	10	底领不外露	轻外露		重外露			
门里襟 (5分)	11	门里襟长短一致	互差>0.3 cm		互差>0.4 cm		互差>0.5 cm	
	12	门里襟挂面阔狭一致	互差>0.3 cm		互差>0.5 cm			
缉袖 (5分)	13	缉袖缉线阔狭一致	轻阔狭		重阔狭			
	14	缉袖圆顺、平滑	轻不圆顺, 轻皱		重不圆顺, 重皱			

(续表)

项目	序号	质 量 标 准	轻缺陷	扣分	重缺陷	扣分	严重缺陷	扣分
袖头 (12分)	15	两袖圆头对称、方正	轻不对称, 方正		重不对称, 方正			
	16	袖头缉线顺直、无跳针	不顺直		重不顺直, 跳针两个			
	17	袖头无探出	一只探出		二只探出		严重探出	
	18	眼皮小于 0.3 cm			眼皮>0.3 cm			
	19	袖头不反吐止口	一只吐止口		二只吐止口		严重吐止口	
袖衩 (7分)	20	袖衩平服,长短一致	互差>0.5 cm		互差>0.7 cm			
	21	袖衩无毛出			一只毛出		二只毛出	
	22	袖折裥左右(反向按错工)			左右不对称			
袋 (8分)	23	袋位正确不歪斜			歪斜			
	24	袋盖大小一致	>0.2 cm					
	25	袋缉线顺直,无跳针	阔狭>0.1 cm		跳针两个			
	26	绱袋松紧一致,平服、方正	轻不平服		重不平服		严重不平服 不方正	
	27	绱袋松紧一致,平服、方正	轻不平服		重不平服		严重不平服 不方正	
摆缝与 底边 (10分)	28	袖底缝、摆缝、松紧适宜	轻微起皱		重起皱		严重起皱	
	29	包缝缉线阔窄一致	阔窄>0.1 cm		阔窄>0.2 cm		阔窄>0.3 cm	
	30	袖底十字裆对齐	错位>0.3 cm		错位>0.5 cm			
	31	底边阔窄一致			阔窄>0.3 cm			
整洁 牢固 (8分)	32	领面起极光、有浮线			有			
	33	针距>12 针/3 cm			针距<12 针/3 cm			
	34	无断线或脱线	断线或脱线> 0.5 cm		断线或脱线< 2 cm			
	35	无污渍、线头	正面1根, 反面2根		正面 2 根以上, 反面 4 根以上			
		合　　计						

(续表)

备注:			
一、下列情况扣分标准: 　　1. 凡各部位有开、脱线大于 1 cm 小于 2 cm 扣 4 分,大于 2 cm 以上扣 8 分,部位:＿＿＿＿＿＿＿＿ ＿＿＿ 　　2. 凡有丢工、错工各扣 8 分,部位:＿＿＿＿＿＿＿＿＿＿＿＿＿＿＿＿＿＿＿＿＿＿＿＿＿ 　　3. 严重油污在 2 cm 以上扣 8 分,部位:＿＿＿＿＿＿＿＿＿＿＿＿＿＿＿＿＿＿＿＿＿＿ ＿＿＿ 　　4. 凡出现事故性质量问题、烫黄、破损、残破扣 20 分,部位:＿＿＿＿＿＿＿＿＿＿＿＿＿＿ 二、轻缺陷扣 1 分、重缺陷扣 2 分、严重缺陷扣 3 分。			
考核 结果	质量:应得 100 分。扣＿＿＿＿＿分,实得＿＿＿＿＿分。	评分记录	

六、实训练习

(一)题目:按款式要求完成一款宽松平面型女衬衫结构设计与工艺。

(二)要求:

1. 能抓住款式和材料特点进行款式结构分析;

2. 能合理进行结构设计;

3. 能合理进行纸样设计与制作;

4. 能参照衬衫质量要求进行样衣制作。

任务二 平面女外套结构设计与工艺

一、任务目标

1. 以平面女外套典型款式为例,掌握宽松平面型女外套的款式特点与结构特征。
2. 会制订平面女外套的号型规格表。
3. 会进行平面女外套的结构制图。
4. 会进行平面女外套的纸样设计与制作。
5. 以平面女外套为例,会进行女外套面辅料整理。
6. 以平面女外套为例,掌握女外套铺布、排料及裁剪工艺。
7. 掌握平面女外套表布的缝制工艺。
8. 掌握平面女外套里布的缝制工艺。
9. 掌握平面女外套的表、里勾合工艺。
10. 以平面女外套为例,掌握女外套工艺流程。

二、任务描述

以宽松平面型女外套典型款式为例,引导学生进行款式特点分析,在此基础上进行平面女外套的结构特征分析;以现行国家标准的女子中间体为例,在其主要控制部位号型规格的基础上引导学生进行放松量设计,规范合理地制订成品号型规格表;围绕宽松平面型女上装省道结构原理与运用技巧,在成品号型规格表的基础上引导学生进行平面结构制图,并在此基础上进行纸样设计与纸样制作。

以平面女外套典型款式为例,根据款式要求进行面辅料的配置与整理;根据制作完成的平面女外套典型款式纸样,合理进行铺布、排料、裁剪工艺;依据女外套工业化生产工艺流程及女外套质量技术要求,指导学生完成女外套表布工艺、里布工艺及表、里勾合工艺,并在此基础上进一步完成后整理、锁眼钉扣及成品质量检验工作。

三、相关知识点

1. 宽松平面型女外套的款式结构分析要点。
2. 宽松平面型女外套的放松量设计要点。
3. 宽松平面型女外套的插肩袖结构制图思路与步骤。
4. 宽松平面型女外套风衣领子结构制图思路与步骤。

5. 宽松平面型女外套前片、后片纸样设计原理与技巧。

6. 平面女外套纸样制作的相关知识。

7. 女外套面、辅料配置的相关性。

8. 女外套面、辅料整理要点。

9. 女外套工业化生产工艺流程。

10. 女外套质量技术要求。

11. 女外套表布工艺、里布工艺以及表里勾合工艺的相关性。

四、任务实施

过程一 款式结构分析

两开身衣身结构，后中缝分割；后中心衣长盖过臀围线 15 cm 左右，前片左右设两个对称的斜插袋；袖子长度为七分袖，袖子与衣身为插肩袖结构，袖子肩部装肩章；领子是典型的风衣领，翻领的领脚分割可以让领围更贴合脖子，翻领与前片驳头组成翻驳领结构；门襟为双叠门，双排六粒扣；整个衣身为平面型结构，腰节部位配宽腰带，束腰后自上而下整体廓形略呈小 A 造型；袖子整体为偏瘦的平面型结构，袖肘部位配袖带，袖带收缩后袖口略呈喇叭形。

平面女外套款式

面料：220 支高密卡其

辅料：20 g 无纺衬；30 g 布衬

2.5 cm 直径衬衫钮扣

过程二 结构设计

（一）成品号型规格设计

1. 号型规格表（单位：cm）

平面女外套号型规格如下表所示：

号型	肩宽	胸围	腰围	臀围	摆围	后中长	袖长
160 / 84A	40	94	84	96	104	72	42

2. 放松量设计

肩宽在自然全肩宽的基础上每边加放 1 cm 左右的松量，肩斜角度相对于水平线略小；胸围放松量为 10 cm，侧缝及后中心分割线略吸腰，胸腰差 10 cm，摆围较放松，衣长至臀围线以下 16 cm 左右；七分插肩袖袖山略高，袖肥略瘦，袖口略呈喇叭形；配腰带、袖带和肩章。

（二）结构制图

步骤一 衣身结构制图要点（先后片再前片，如图 3－2－1 所示）

1. 后片结构

① 后中心线：后中长 72 cm。

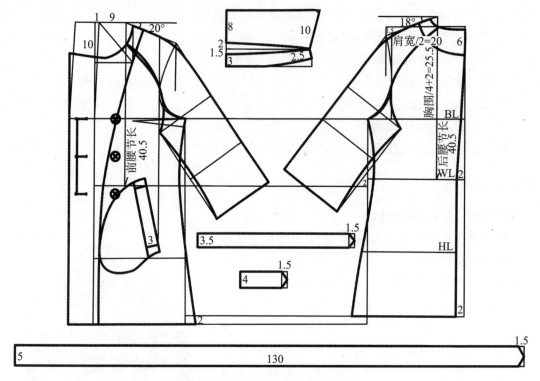

图 3-2-1　平面女外套结构制图

② 腰节线：背长 38 cm。

③ 后横开领：净胸围/12＋2 cm(拉开)＝9 cm。(注：净胸围/12 为原型横开领，刚好位于女子中间体的侧颈点位置)

④ 后直开领：2.5 cm。

⑤ 后片肩斜角度为 18°。

⑥ 后片肩端点：肩宽/2＝20 cm。

⑦ 后片胸围线位置从侧颈点向下量：成衣胸围/4＋2 cm＝25.5 cm。

⑧ 后背宽线：肩端点进 1.5 cm。

⑨ 后中心分割线在腰围线上吸腰 2 cm，垂直向下到摆围线。

⑩ 后片胸围：成衣胸围/4＝23.5 cm。

2. 前片结构

① 延长后片胸围线量前片胸围：成衣胸围/4＝23.5 cm，确定前中心线。

② 侧缝腋下位置预留胸省 2 cm。

③ 后片腰节线下降 2 cm 位置确定前片腰节线。(注：出于腰节以上前后片侧缝长度相等的考虑)

④ 后片衣长线下降 2 cm 位置确定前片衣长线。(注：出于腰节以下前后片侧缝长度相等的考虑)

⑤ 依据前腰节长＝后腰节长(从后片侧颈点量到后腰节线)，确定前片侧颈点高度。

（注：腰节长是从侧颈点垂直量到腰节线的距离）

⑥ 前横开领：后横开领＋1 cm＝10 cm（其中 1 cm 是前片撇胸量）。

⑦ 前直开领：10 cm 左右。（注：当前直开领为 7 cm 左右，刚好位于女子中间体的前颈点位置）

⑧ 前片肩斜角度为 20°。

⑨ 前小肩＝后小肩。（注：小肩是指衣片肩线的长度）

⑩ 前胸宽线：前胸宽＝后背宽－1 cm。

3. 吸腰量

① 后中心腰省为 2 cm。

② 前侧缝腰省为 1.5 cm，后侧缝腰省为 1.5 cm。

4. 领圈与袖窿

① 肩缝拼合后前后领圈能顺利过渡。

② 肩缝拼合后前后袖窿能顺利过渡。

步骤二　领子结构制图要点

① 下领弧线＝后领圈弧线＋前领圈弧线＋叠门；

② 下领弧线前中心起翘量是 2 cm 左右；

③ 上领弧线后中心起翘量是 1.5 cm 左右。

步骤三　袖子结构制图要点

① 袖山高：AH/3（注：AH 是整个袖窿弧线长度）；

② 袖山弧长＝袖窿弧长；

③ 前领圈插肩袖分割点距离侧颈点 5 cm；后领圈插肩袖分割点距离侧颈点 3 cm；

④ 前胸宽位置前片插肩袖衣身与袖子弧线的交叉点距离胸围线高度 7 cm；后背宽位置后片插肩袖衣身与袖子弧线的交叉点距离胸围线高度 8 cm。

过程三　纸样设计与制作

（一）纸样处理

1. 前片纸样处理（图 3－2－2）

① 省道转移：由于宽松平面型女装不需要胸部立体造型，因此将预留的 2 cm 胸省量直接在侧缝的下摆位置减去。

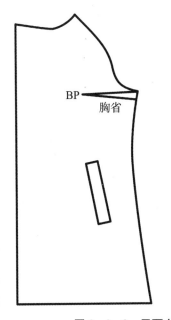

图 3－2－2　平面女外套前片纸样处理

② 修正纸样轮廓线：修正侧缝、下摆轮廓线。

（二）纸样制作

1. 表布纸样制作（图3-2-3）

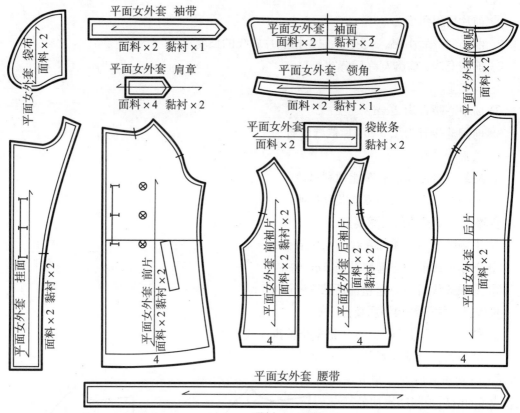

图3-2-3　平面女外套表布纸样制作

① 下摆贴边放缝4 cm；

② 其余部位各放缝1 cm；

③ 对位刀眼：

a. 领子与领圈三刀眼位置：左肩缝、后中心、右肩缝；

b. 插肩袖袖子与衣身刀眼位置：前袖窿（单刀眼）、后袖窿（双刀眼）；

c. 前、后衣身腰节位置；

d. 领圈上领位置；

e. 袖子袖肘位置；

f. 上下领对合位置。

2. 里布纸样制作（图3-2-4）

① 前片除去挂面部分，后片除去领贴部分；

② 前、后袖片袖窿底部位置在面料样板基础上再加放2 cm；

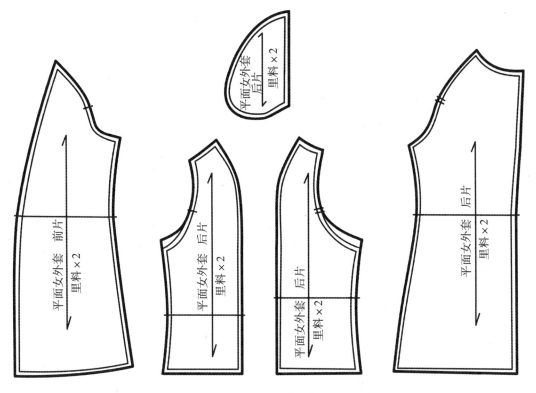

图 3 - 2 - 4　平面女外套里布纸样制作

③ 其余部位各放缝 1 cm；

④ 对位刀眼：

a. 插肩袖袖子与衣身刀眼位置：前袖窿（单刀眼）、后袖窿（双刀眼）；

b. 前、后衣身腰节位置；

c. 袖子袖肘位置。

3. 净样板制作（图 3 - 2 - 5）

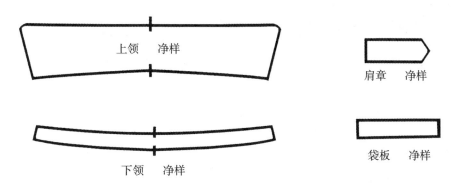

图 3 - 2 - 5　平面女外套净样板制作

① 袋板；

② 领子；

③ 肩章。

过程四　样衣制作

（一）面料整理

将面料门幅居中对折、正面相对、两布边对齐，在烫台上放平，将熨斗调到合适温度，打开蒸汽开关沿经纱方向来回按次序熨烫面料，注意控制熨斗对面料的压力不能太重，以不移动面料为宜，蒸汽熨斗缓慢移动，以确保面料每个部位都被蒸汽熨斗充分熨烫；蒸汽熨斗烫完后，将面料放平晾干。

（二）铺布

将面料门幅居中对折双层铺料，正面相对，布边对齐，为方便排料与裁剪操作，将布边一侧靠近操作者身体一侧的桌子边，并且与桌子边平行，距离均匀 3～5 cm，这样即可以把桌子边看成是面料经纱方向。

（三）样板排料

1. 表布排料

平面女外套表布的单件排料如图 3－2－6 所示。

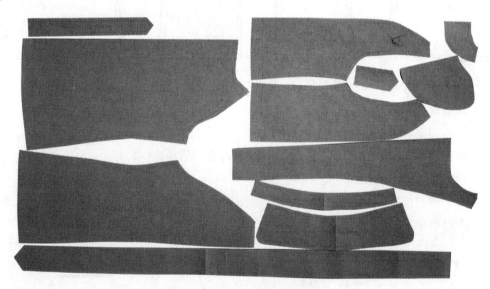

图 3－2－6　女外套表布排料

① 表布门幅宽 140 cm；

② 铺布方式：表布门幅居中对折双层铺料，表布正面与正面相对；

③ 排料方法：

a. 先大后小：前片、后片、大袖、小袖、挂面、腰带等面积大的先排，领子、领贴、肩章、嵌条等面积小的找空档穿插；

b. 保证裁片数量；

c. 保证样板丝缕线与面料经纱方向一致；

d. 尽量从裁片方向上保证整件衣服顺向一致；

e. 为避免经向色差,相邻裁片尽量在同一线排开;

④ 控制表布长度方向用料,平面女外套表布用料长度为(表布衣长×2)。

2. 里布排料

平面女外套里布的单件排料如图 3-2-7 所示。

图 3-2-7 女外套里布排料

① 里布门幅宽 140 cm;

② 铺布方式:里布门幅居中对折双层铺料,里布正面与正面相对;

③ 排料方法:

a. 里布样板只有前片、后片、前后袖片、腰带和袋布,因此将前、后片侧缝相对在同一纬线方向排开,前、后袖片袖缝相对在同一纬线方向排开;

b. 保证裁片数量;

c. 保证样板丝缕线与面料经纱方向一致;

d. 保证裁片顺向一致;

④ 控制里布长度方向用料,平面女外套里布用料长度为(里布衣长×2)。

(四)裁剪

1. 表布裁片(图 3-2-8)

裁片数量(单位:片):

后片×2,注意对称性;前片×2,注意对称性;前袖片×2,后袖片×2,注意对称性;领面×2,领脚×2,注意对称性;袋布×2,袋嵌条×4,注意对称性;挂面×2,注意对称性;领贴×1,腰带×1。

2. 里布裁片(图 3-2-9)

裁片数量(单位:片):

前片×2,后片×2,注意对称性;前袖片×2,后袖片×2,注意对称性;袋布×4,注意对称性;腰带×1,袖带×2。

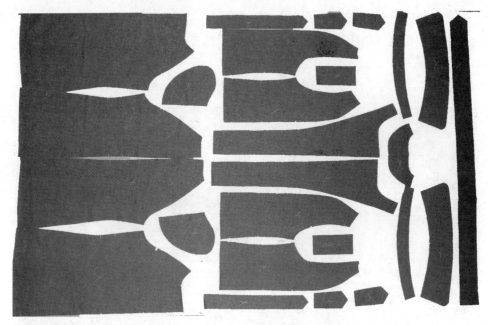

图 3 - 2 - 8　平面女外套表布单件裁片

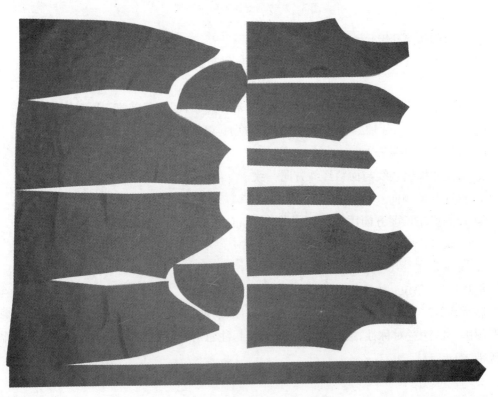

图 3 - 2 - 9　平面女外套里布单件裁片

3. 黏衬(图 3 - 2 - 10)

黏衬数量：(单位：片)

图 3－2－10　平面女外套黏衬裁片

挂面×2(挂面用 20 g 无纺衬黏到自上而下的一半长度);前片×2(整个前片用 30 g 布衬);领面×2(表层用 30 g 布衬);领脚×1(表层用 30 g 布衬);袋嵌条×2(表布用 20 g 无纺衬);腰带×1(用 20 g 无纺衬);袖带×1(用 20 g 无纺衬);插肩袖肩部(表层用 30 g 布衬)。

(五)缝制工艺

步骤一　表布工段

1. 开袋工艺

(1) 车缝袋嵌条(图 3－2－11)

① 扣烫袋嵌条:将每一根袋嵌条烫上无纺衬,宽度对折扣烫,扣烫好的每根袋嵌条一边是毛边、一边是对折的光边;每个口袋一根共两根备用。

② 准备好表布袋布。

③ 车缝袋嵌条、袋布:用定位样板在两个前片上分别对称划好袋位;将扣烫好的一根袋嵌条毛边与袋布毛边相对、按划好的袋位分别车缝到衣身袋

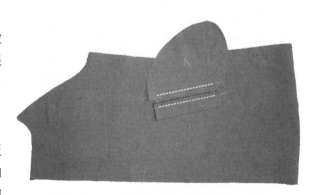

图 3－2－11　平面女外套车缝袋嵌条、袋布

条部位,两条缝线之间的宽度刚好控制袋嵌条宽度;注意车缝起始点和划袋位线一致,倒回

针 3～4 针,使袋角牢固。

④ 车缝两根袋嵌条的这两道线是两条平行的直线,且两条平行线之间的距离约等于 3 cm,注意检查车缝线是否直,两道线是否平行,及时修正。

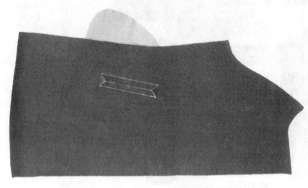

图 3－2－12　平面女外套开袋、剪三角

以免袋口脱散。

(3) 整理袋嵌条(图 3－2－13)

① 开袋、剪三角后,翻到前片表面将袋嵌条、袋布翻进口袋里面。

② 整烫袋嵌条,宽窄均匀,袋口平整,袋角方正。

(4) 装袋布(图 3－2－14)

① 翻进口袋里面,将另一片口袋布与嵌条的缝份车缝在一起,车缝袋布的缝线位置可以骑着前一道车缝线;注意始、末位置倒回 3～4 针,车缝牢固。

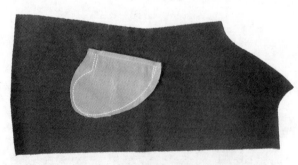

图 3－2－14　平面女外套装袋布

布边缘修剪成缝份均匀、整齐。

④ 封袋口:修剪袋布后翻回到表面,整理好嵌条后在嵌条两端的袋角缉 0.1 cm 止口线,注意倒回针,将两端袋角缝牢固。

(2) 开袋、剪三角(图 3－2－12)

① 开袋口:翻到前片里面,从两道车缝线中间开始剪开,剪开线与两道车缝线平行且居中。

② 剪三角:接着前道工序从中间向两边开袋口时,当开到距离袋角约 1.5 cm 时应停止,开始冲着两道平行线的起始点剪三角,将开袋口两端剪成"Y"型,注意剪透衣身布料,但不要将两道平行线起始点的车缝线剪断,

图 3－2－13　平面女外套整理袋嵌条

② 兜缉袋布:保持袋口平整,翻到里面将两片袋布的边缘尽量对齐,从袋角的一边开始兜缉袋布,经过袋布底部,又回到袋角的另一边;注意缉袋布底部的时候要翻到表面看一下袋口是否闭合平整,不要因为大、小袋布深度松紧不合适而导致袋口豁口;还要注意车缝起始位置倒回针,使袋布兜缉牢固。

③ 修剪袋布:兜缉袋布后将两片袋布边缘修剪成缝份均匀、整齐。

2. 拷合表布(图3-2-15)

① 拷合前袖片与前衣身：衣身在下、袖片在上，居中刀眼对齐，开始和结束位置倒回3～4针；翻回表面在袖片上骑缝份绨0.6 cm明止口线。

② 拷合后袖片与后衣身：衣身在下、袖片在上，居中刀眼对齐，开始和结束位置倒回3～4针；翻回表面在袖片上骑缝份绨0.6 cm明止口线。

③ 拷合后中缝：两后片表面相对，居中刀眼对齐，开始和结束位置倒回3～4针；翻回表面在一侧衣片上骑缝份绨0.6 cm明止口线。

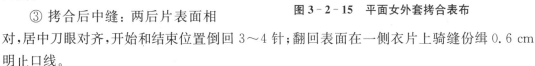
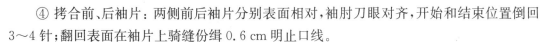

图3-2-15 平面女外套拷合表布

④ 拷合前、后袖片：两侧前后袖片分别表面相对，袖肘刀眼对齐，开始和结束位置倒回3～4针；翻回表面在袖片上骑缝份绨0.6 cm明止口线。

⑤ 折烫贴边：将前片、后片、袖口贴边折起4 cm，用熨斗扣烫平服。

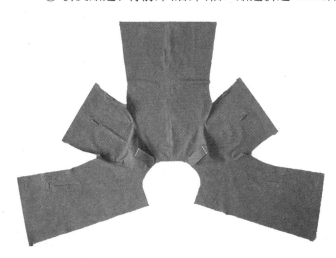

图3-2-16 平面女外套做肩章、耳襻

3. 做肩章、耳襻(图3-2-16)

① 勾肩章、修缝份：在肩章的黏衬上用净样板划好肩章净样，两片肩章表面相对按净样勾合肩章，转角一针埋入线头；将缝份修剪到0.6 cm左右，注意转角位置的缝份修剪，有利于翻出后角度方正。

② 翻烫肩章、绨止口：将勾好的肩章翻回到表面，整理止口充分翻出，用熨斗扣烫平服；在肩章表面绨0.6 cm明止口线。

③ 钉肩章：用划粉划好肩章位置，将肩章车缝到衣身，并将尖角翻转朝向领子在肩章表面骑缝份绨0.6 cm明止口线，将肩章固定在衣身上。

④ 勾耳襻：耳襻宽度3 cm，将耳襻表面相对宽度对折，齐毛边绨0.6 cm止口。

⑤ 翻烫耳襻：将勾好的耳襻翻出表面，整理缝份将耳襻扣烫平整。

⑥ 钉耳襻：用划粉划好耳襻位置，将耳襻车缝到衣身，注意耳襻两端的毛缝折转向内，耳襻松紧适宜。

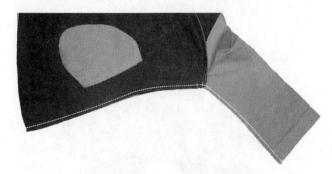

图 3 - 2 - 17　平面女外套拷摆缝

穿在衣架上。

步骤二　里布工段

1. 拼合挂面、领贴(图 3 - 2 - 18)

① 挂面烫上黏衬后,两片挂面的肩缝分别与领贴的两边肩缝表面相对,车缝 1 cm 止口。

② 分缝:用熨斗将缝份分开烫平。

2. 拷合里布(参照拼合表布工艺,如图 3 - 2 - 19 所示)

① 拷合前袖片与前衣身:衣身在下、袖片在上,居中刀眼对齐,开始

4. 拷摆缝(图 3 - 2 - 17)

① 前身在上、后身在下,车缝衣身和袖子摆缝,袖肘、腰节、十字缝位置对齐,开始和结束位置倒回 3~4 针。

② 拷摆缝后将袖口贴边、下摆贴边折回。

自此,衣身表布工段完成;为保持衣身造型,应将做好的表布衣身挂

图 3 - 2 - 18　平面女外套拼合挂面、领贴

和结束位置倒回3~4针;翻回表面在袖片上骑缝份绲 0.6 cm 明止口线。

② 拷合后袖片与后衣身:衣身在下、袖片在上,居中刀眼对齐,开始和结束位置倒回3~4 针;翻回表面在袖片上骑缝份绲 0.6 cm 明止口线。

③ 拷合后中缝:两后片表面相对,居中刀眼对齐,开始和结束位置倒回 3~4 针;翻回表面在一侧衣片上骑缝份绲 0.6 cm 明止口线。

④ 拷合前、后袖片:两侧前后袖片分别表面相对,袖肘刀眼对齐,开始和结束位置倒回 3~4 针;翻回表面在袖片上骑缝份绲 0.6 cm 明止

图 3 - 2 - 19　平面女外套拷合里布

口线。

⑤ 折烫贴边：将前片、后片、袖口贴边折起 4 cm，用熨斗扣烫平服。

3. 里布拷摆缝（图 3-2-20）

前身在上、后身在下，车缝衣身和袖子摆缝，将袖肘、腰节、十字缝位置对齐，开始和结束位置倒回 3～4 针。

步骤三　表、里勾合工段

1. 勾合门襟、驳头（图 3-2-21）

① 分别用前片和挂面的净样板在衣身表布的前片和衣身里布的挂面上划净样，将领口、驳头、门襟的净样划在布料反面。

图 3-2-20　平面女外套里布拷摆缝

② 将衣身表布与衣身里布表面相对，衣身表布的领口、驳头、门襟与衣身里布的相对应位置分别贴合对齐。

③ 前片在上，挂面在下，上下两层自上而下分别对齐三个点，用大头针别合驳角位置、翻驳点位置、挂面底角位置。左右衣身同时操作，

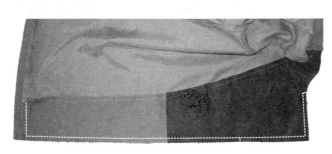

图 3-2-21　平面女外套勾合门襟、驳头

注意对称性。

④ 车缝门襟、驳头止口线：

a. 翻驳点以上段：上下两层止口对齐，挂面驳头、驳角略松，控制好挂面驳头、驳角吃势；驳角吃势均匀，驳头吃势主要控制在靠近翻驳点的下 2/3 段。

b. 翻驳点以下段：控制上下两层松紧适宜；为防止成衣后挂面底部有毛边外露，通常在勾合前先把挂面底部毛边折进 0.5 cm 左右，这样挂面底部就被折光了。

⑤ 修止口：勾合门襟、驳头后，修剪止口缝份，表布前片在上修剪到 0.4 cm 左右，里布挂面在下修剪到 0.6 cm 左右；用剪刀在驳角位置点垂直于净缝线打剪口。

⑥ 烫止口：齐着缝线将止口绊倒在衣身表布一边，用熨斗将修剪好的缝份扣烫均匀。

⑦ 固定止口：拿住扣烫好的缝份，用单股线的撩针法将缝份与衣身表布一边缝在一起；注意控制缝线不松不紧。

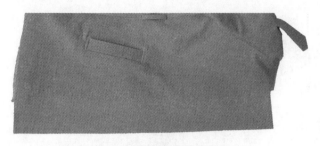

图 3-2-22 平面女外套翻烫门襟止口

2. 翻烫门襟止口（图 3-2-22）

① 修烫止口后，将衣身从里面翻出表面，注意将止口充分翻出。

② 用熨斗扣烫止口：

a. 由于是在表布熨烫，为防止表面起极光，因此要加棉质垫布熨烫。

b. 翻驳点以上段：挂面止口略吐 0.1 cm。

c. 翻驳点以下段：表布前片止口略吐 0.1 cm。

③ 止口拱针：为有利于止口定型，用长 9♯ 手缝针穿本色线做止口拱针，针距约为 0.5 cm，距离止口边约为 0.5 cm；翻驳点以上段在表布前片上做外拱针，翻驳点以下段在里布挂面上做内拱针。

步骤四　领子工段

1. 做领子

（1）拼合面领、底领（图 3-2-23）

① 拼合分割线：领面、领脚分别烫上黏衬后，面领、底领的领面与领脚分别按分割线车缝拼接；车缝时领面、领脚表面相对，居中刀眼对齐，始、末位置对齐；缝份控制在 0.6 cm。

② 缉止口线：拼合后将缝份分开，在领子表面的缝份两边分别骑坑缉 0.1 cm 止口线。

图 3-2-23 平面女外套拼合面领、底领

图 3-2-24 平面女外套勾领子

（2）勾领子（图 3-2-24）

① 修领子：将拼合好的面领、底领表面相对，先进行比对整理修成对称一致；然后将底领的两端领角边及领子外圈一边修小 0.3 cm，有利于表领和底领形成里外匀。

② 勾面领、底领：修领子后，底领在上，面领在下，上下两层齐边按净样兜缉领子，注意控制面领吃势均匀；装领子的串口、领圈一边不缝；为了有利于翻领子工艺时领角方正，车缝到两端领角最拐角一针时分别埋入线头；为了有利于装领子工艺中串口线分开缝份，勾领子的开始和结束位置都要预留缝份，选择净缝点起针和倒针。

（3）翻烫领子（图 3-2-25）

① 将勾领子的缝份修剪到 0.5 cm，为防止两端领角上缝份重叠，还要进一步修剪领角

缝份。

② 将修剪好的缝份齐着缝线绊倒在底领一边,用熨斗扣烫均匀。

③ 将领子从里面翻出到表面,注意将止口充分翻出。

图 3 - 2 - 25　平面女外套翻烫领子

④ 在底领表面扣烫止口,控制面领的止口略吐出 0.1 cm;为防止表面起极光,因此要加棉质垫布熨烫。

⑤ 可以在底领止口一边缉 0.1 cm 助止口线,不缉穿面领,只将底领与里面的缝份缉牢,有利于止口定型。

领子做好后,将领子沿后中心对折检查领子对称性及面领、底领装领一边是否吻合,可略作修整;同时检查上领三刀眼位置,为装领子工艺做好准备。

图 3 - 2 - 26　平面女外套装领准备

① 面领与衣身里布挂面、领贴的领圈缝合;底领与衣身表布前片、后片的领圈缝合。

② 缝合领子从串口线驳角点预留的缝份开始,控制缝线与驳角止口对齐,领子与领圈三刀眼对齐,分别是后中心及左、右肩缝位置。

③ 为了使装领子外观上串口

2. 装领子

(1) 装领准备(图 3 - 2 - 26)

① 在衣身的表布、里布的串口、领圈上分别划上净缝粉印;在领子面领、底领的串口、领圈上分别划上净缝粉印(划在布料反面)。

② 将领子的面领与衣身的里布领圈相对,领子的底领与衣身的表布领圈相对,分别明确领子、领圈的三刀眼对位点。

(2) 车缝领子(图 3 - 2 - 27)

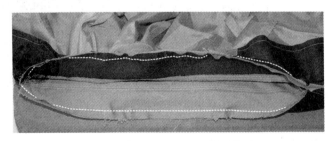

图 3 - 2 - 27　平面女外套车缝领子

与领圈的拐角位置平整,车缝到拐角点(机针插在下面)时,抬起压脚、扳开缝份、剪刀头对着机针将领圈缝份剪开,这样在拐角处车缝就能顺利过渡且外观不容易起泡。车缝面领、底领的共四个拐角都应该这样操作。

(3) 装领缝份处理

① 修剪缝份:将车缝面领、底领的两道装领子缝份都修剪到 0.6 cm。

② 烫开缝份：在烫墩上用熨斗将车缝面领、底领的两道装领子缝份都分开烫平。

③ 固定缝份：装领子外观要求在串口线位置面领与底领两层不能脱开、不能移位，在领圈位置面领与底领两层不能脱开、不能移位，因此，要将装领子面领与底领的两道缝份之间相对固定。在领子里面面领与底领的缝份之间可以放置一层双面黏胶衬，在表面上下缝份位置对齐后，用熨斗蒸汽一烫就可以固定；在领子里面将面领、底领两层烫开的缝份之间位置对齐然后用缝线固定，可以手缝也可以车缝。

自此，平面女外套领子工段完成，将做好的衣身挂穿在衣架上，领子翻平整。

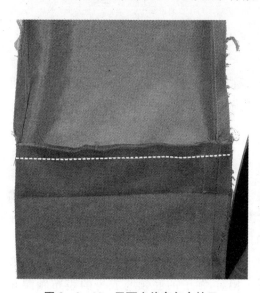

图3-2-28 平面女外套勾合袖口

④ 最后将拉出的袖口翻回里面。

2. 勾合下摆（图3-2-29）

① 车缝下摆：从下摆部位翻进衣身的里面，在下摆部位将表布与里布相对应的侧缝、后中缝对齐，将表布的下摆贴边与里布的下摆车缝拼合；车缝时一般表布贴边在上、里布在下，根据表布来调整里布的松紧，里布宽松的情况下可在每个缝份里折细褶；为防止挂面底部里布不平，下摆两头预留2.5 cm不缝。在后片合适位置预留

步骤五 袖口、下摆工段

1. 勾合袖口（图3-2-28）

① 将里布袖子顺势放进表布袖子中，在袖口位置对齐表布和里布的前、后袖缝，然后从下摆位置伸手进入表布和里布中间将表布和里布的袖口按对齐的位置拉出车缝。

② 车缝时表布贴边与里布袖口的表面相对，一般表布在上、里布在下，前后袖缝位置分别对齐车缝一周，止口控制均匀，松紧关系控制均匀，里布松的话可在袖缝位置折细褶。

③ 车缝完毕将表布贴边沿烫折印翻起折平，在前、后袖缝的缝份位置用三角针法固定袖口贴边。

图3-2-29 平面女外套勾合下摆

10 cm左右的下摆豁口，方便将衣服翻回表面后再封口。

② 固定下摆贴边：为了让成衣以后的下摆贴边比较服帖平整，按照扣烫好的下摆贴边折印，在表布缝份位置将车缝好的下摆贴边用三角针法固定；下摆贴边的三角针做好后，将整个衣身从预留的下摆豁口部位翻回到衣身表面。

3. 封下摆豁口、封挂面底角

① 封下摆豁口(参照项目四收省女马甲工艺)：在下摆贴边表面拿住预留豁口的两端，用单股线的暗缲针将里布缲在表布的贴边上；注意暗缲针控制针距在 0.5 cm 左右，起始位置的线头不要留在外面。

② 封挂面底角(参照项目五女西装工艺)：在衣身表面将挂面底角的里布向上折进整理平整，将挂面底角处的表、里两层整理平整，拿住挂面底角用单股线的撩针法封底角，针距为0.1～0.2 cm，将挂面与表布贴边缝在一起；注意控制缝线不松不紧，起始位置的线头不要留在外面。

4. 门襟、领子缉明线

从挂面底角位置开始，在衣身表面缉 0.6 cm 明止口线。

步骤六　腰带、袖带工段(图 3－2－30)

腰带、袖带工艺参照做肩章工艺。

图 3－2－30　平面女外套腰带工艺

① 勾腰带、袖带、修缝份：在腰带、袖带的黏衬上用净样板划好净样，腰带、袖带的面、里两层表面相对按净样勾合，转角一针埋入线头；将缝份修剪到 0.6 cm 左右，注意转角位置的缝份修剪，有利于翻出后角度方正。

② 翻烫、缉止口：将勾好的腰带、袖带翻回到表面，整理止口充分翻出，用熨斗扣烫平服；在表面缉 0.6 cm 明止口线。

自此，平面女外套表布、里布、表里勾合、领子、袖口下摆、腰带袖带工段均告完成，将做好的衣服套穿在人台上进行外观整理。

五、任务评价

(一)评价方案

评价指标	评　价　标　准	评价依据	权重	得分
结构设计	A：号型规格表格式、内容正确，放松量设计合理；衣身结构制图步骤正确，袖子与衣身袖窿结构匹配，领子与衣身领圈结构匹配，结构合理，线条清楚； B：号型规格表格式、内容基本正确，放松量设计较合理，衣身结构制图步骤基本正确，袖子与衣身袖窿结构基本匹配，领子与衣身领圈结构基本匹配，结构基本合理，线条较清楚； C：号型规格表格式、内容欠缺，放松量设计欠合理；衣身结构制图步骤欠正确，袖子与衣身袖窿结构欠吻合，领子与衣身领圈结构欠吻合，结构欠合理，线条欠清楚	成品号型规格表；1：1衣身制图；1：1袖子制图；1：1领子制图	20	

评价指标	评 价 标 准	评价依据	权重	得分
纸样设计与制作	A：前片纸样结构处理合理正确；表布纸样制作齐全，里布纸样、净样板制作基本齐全，结构合理，标注清楚； B：前片纸样结构处理基本合理正确；表布纸样制作基本齐全，里布纸样、净样板制作基本齐全，结构基本合理，标注基本清楚； C：不能正确进行前片纸样结构处理；不能正确合理地进行表布纸样制作；不能正确合理地进行里布纸样制作、净样板制作	前片纸样结构处理；表布纸样；里布纸样；净样板	15	
样衣制作	A：能合理进行面料、里料、辅料的检验、整烫、整理；能根据操作正确性、便利性合理铺料；排料方法正确，裁片丝缕正确，最大限度节省长度方向用料；裁剪顺序、方法合理，裁片丝缕、正反面正确，裁片与纸样吻合；表布、里布、表里勾合、领子、袖口下摆、腰带袖带工段工艺方法正确，工艺符合质量要求；锁眼、钉扣位置合理，大小匹配； B：能基本合理进行面料、里料、辅料的检验、整烫、整理；铺布方式基本正确；排料方法基本正确，裁片丝缕基本正确，节省长度方向用料；裁剪顺序、方法较合理，裁片丝缕、正反面较正确，裁片与纸样较吻合；表布、里布、表里勾合、领子、袖口下摆、腰带袖带工段工艺方法基本正确，工艺基本符合质量要求；锁眼、钉扣位置较合理，大小基本匹配； C：面料、里料、辅料正反面不分，整烫不到位或没整烫；铺料欠平整，正反面不合理，布边不齐；排料顺序、方法欠合理，不能做到合理节省用料；裁剪顺序、方法欠合理，裁片丝缕、正反面欠正确，裁片与纸样欠吻合；表布、里布、表里勾合、领子、袖口下摆、腰带袖带工段工艺方法欠正确，工艺质量要求有较大偏差；锁眼、钉扣位置欠合理，大小有较大偏差	面料、里料、辅料的整理；铺料操作；排料；面、辅料裁剪；缝制工艺；锁眼、钉扣	35	
课堂纪律	A：上课认真，态度端正； B：上课较认真，态度较端正； C：常有迟到、早退、缺课现象，不遵守课堂纪律	课堂表现	10	
学习习惯	A：上课准备充分，作业认真及时； B：上课准备较充分，作业基本认真及时； C：上课不准备，不能认真及时完成作业	课前及课后作业表现	10	
岗位习惯	A：积极做好卫生工作，按规定进行操作； B：能做好卫生工作，基本按规定进行操作； C：不能做好卫生工作，不能按规定进行操作	课堂及课后表现	10	
总　分				

（二）样衣制作质量细则

女西装质量评分表

项目	序号	质量标准	轻缺陷	扣分	重缺陷	扣分	严重缺陷	扣分
规格 （10分）	1	衣长规格正确，不超极限偏差±1.0 cm	超偏差50%内		超50%～100%内		超100%以上	
	2	胸围规格正确，不超极限偏差±2.0 cm	超偏差50%内		超50%～100%内		超100%以上	
	3	肩宽规格正确，不超极限偏差±0.8 cm	超偏差50%内		超50%～100%内		超100%以上	
	4	袖长规格正确，不超极限偏差±0.8 cm	超偏差50%内		超50%～100%内		超100%以上	
	5	袖口规格正确，不超极限偏差±0.3 cm	超偏差50%内		超50%～100%内		超100%以上	
领 （25分）	6	领面平服，顺直，端正	轻不平服，顺直		重不平服，顺直			
	7	领角左右对称，大小一致，不返翘	互差0.2 cm，反翘		互差＞0.3 cm，重反翘		互差＞0.5 cm	
	8	驳角左右对称，大小一致	互差0.2 cm，轻弯		互差＞0.3 cm，重弯		严重不对称，平服	
	9	底领不外露，不起皱	轻外露，起皱		重露，起皱		严重外露，起皱	
	10	领面不反吐，止口	有		重反吐			
	11	绱领平服，无弯斜	有，弯斜＞0.5 cm		弯斜＞1.0 cm		弯斜＞1.5 cm	
	12	领窝平服，不拉还不起皱	有皱		重还，皱		严重还，皱	
	13	驳口顺直，位置正确，左右对称	轻不顺直，位置上/下＞1.5 cm/1.0 cm		重不顺直，位置上/下＞2.0 cm/1.5 cm		严重弯曲	
	14	挂面平服，宽窄一致，绱线顺直，松紧适宜	轻不平服顺直，互差＞0.3 cm		重弯曲，皱，反翘			
门里襟 与袋 （25分）	15	门里襟平服，顺直	轻不平服，顺直		重不平服，顺直		严重弯斜	
	16	门里襟长短一致	门长里＞0.4 cm		门长里＞0.7 cm，门短于里襟		互差＞1.0 cm	
	17	门里襟止口不反吐	有反吐		重反吐		全部反吐	
	18	袋位高低进出一致	互差0.5 cm以上		互差＞0.8 cm			
	19	口袋平服，大小一致	袋口互差＞0.4 cm		袋口互差＞0.8 cm			
	20	贴袋绱线顺直，牢固	轻不平服，弯		重不平服，弯		严重弯斜	
	21	袋嵌线狭宽一致，袋角方正	互差＞0.4 cm，轻不方正		互差＞0.2 cm，重不方正		互差＞0.3 cm，严重毛出，不方正	

(续表)

项目	序号	质量标准要求	轻缺陷	扣分	重缺陷	扣分	严重缺陷	扣分
肩胸 (5分)	22	肩部平服,肩缝顺直	轻不平服,弯		重弯,皱			
	23	肩章位置对称,缉线牢固	互差>0.4 cm		互差>0.7 cm			
腰部 (5分)	24	腰部,摆部平服顺直	轻不平服		重不平服			
	25	腰襻位置对称,缉线牢固	长短互差>0.5 cm 左右互差>0.4 cm		长短互差>0.8 cm 左右互差>0.7 cm			
袖 (14分)	26	插肩袖圆顺,顺势均匀	轻不圆顺,均匀		重皱			
	27	两袖前后适宜,左右一致	一只前后		二只前后		严重弯斜	
	28	两袖不翻不吊	有翻、吊		二只均有			
	29	袖缝线顺直,缉线均匀、平服	轻不顺直		严重弯曲			
里子底边 (8分)	30	面与夹里松紧一致,袖方向均匀对称	轻不一致, 面与夹里未固定一处		里距底边, 袖口<0.5,面与夹里未固定二处		里子外露,面与夹里未固定	
	31	底边顺直,窄宽一致	宽窄互差>0.4		宽窄互差>0.5		严重弯斜	
	32	挂面底角花绷针脚均匀不外露	起皱,外露		针脚3 cm<5针			
整洁与牢固 (8分)	33	针码>12针/3 cm(明线)	少于12针/3 cm					
	34	表面有浮线,极光	浮线1处		极光,浮线多于2处			
	35	产品整洁无线头,污渍	有		面2暗4根污渍2 cm²内			
	36	无断线或轻微毛脱	长度<0.5 cm		0.5 cm<长度<1.0 cm			
100		合　计						

备注:
一、出现下列情况扣分标准如下:
1. 凡各部位有开,脱线长度>1 cm以上应扣3~5分,部位是: _____
2. 严重污渍,表面在2 cm²以上扣4~8分,部位是: _____
3. 丢工、缺件,做错工序,各扣4~8分,部位是: _____
4. 烫黄、变质、残破,各扣4~15分,部位是: _____
5. 黏合衬严重起泡、脱胶、渗胶扣3~5分,部位是: _____
说明:凡在备注中出现的扣分规定中的项和细则中各序号中的项目相同,如同时出现质量问题,不再重复扣分(在此扣除原细则序号中的扣分)。
二、轻缺陷扣1分、重缺陷扣2分、严重缺陷扣3分。

考核结果	质量:应得100分。扣_____分,实得_____分。	评分记录

六、实训练习

（一）题目：按款式要求完成一款宽松平面女外套结构设计与工艺。

（二）要求：

1. 能抓住款式和材料特点进行款式结构分析；

2. 能合理进行结构设计；

3. 能合理进行纸样设计与制作；

4. 能参照衬衫质量要求进行样衣制作。

参 考 文 献

1. (日)文化服装学院.文化服装讲座(新版)(1)——原理篇.范树林译.北京:中国轻工业出版社,1998.

2. (日)小池千枝.文化服装讲座(新版)(8)——立体裁剪篇.白树敏译.北京:中国轻工业出版社,2010.

3. (美)海伦·约瑟夫-阿姆斯特朗.美国时装样板设计与制作教程(上).裘海索译.北京:中国纺织出版社,2010.

4. (美)海伦·约瑟夫-阿姆斯特朗.美国时装样板设计与制作教程(下).裘海索译.北京:中国纺织出版社,2011.